WILD VERTEBRATES
IN WENLIN

温岭市
野生动物

主　编　颜福彬　张芬耀　温超然
副主编　张培林　许济南　刘宝权

ZHEJIANG UNIVERSITY PRESS
浙江大学出版社
·杭州·

图书在版编目（CIP）数据

温岭市野生动物 / 颜福彬，张芬耀，温超然主编.

杭州 ： 浙江大学出版社，2025. 1. -- ISBN 978-7-308-25786-2

Ⅰ. Q958.525.54

中国国家版本馆CIP数据核字第2024AG6233号

温岭市野生动物

颜福彬　张芬耀　温超然　主编

责任编辑	季　峥　伍秀芳	
责任校对	蔡晓欢	
封面设计	春天书装	
出版发行	浙江大学出版社	
	（杭州天目山路148号　邮政编码310007）	
	（网址：http://www.zjupress.com）	
排　　版	杭州林智广告有限公司	
印　　刷	浙江省邮电印刷股份有限公司	
开　　本	889mm×1194mm　1/16	
印　　张	15.25	
字　　数	505千	
版 印 次	2025年1月第1版　2025年1月第1次印刷	
书　　号	ISBN 978-7-308-25786-2	
定　　价	186.00元	

野生动物资源是人类社会赖以生存和发展的基础，具有不可估量的价值，惠及人类福祉和可持续发展的各个方面，包括生态、社会、经济、科学、教育、文化、娱乐和美学等。在地球环境污染问题日益严峻的今天，野生动物保护越来越受到人们的关注。一方面，物种的消失和灭绝会给生态系统带来不良后果，会打破生物群落的平衡，进而直接影响人类生存。根据物种生存法则，1个物种的灭绝和消亡将会给20多个相关物种的生存带来威胁。另一方面，禽流感病毒、新型冠状病毒等的肆虐迫使人类重新审视野生动物保护政策和措施，反思人类与自然的关系。因此，实现人与自然和谐共生，科学保护野生动物，已成为当今社会迫在眉睫的任务。

开展野生动物资源调查是《中华人民共和国野生动物保护法》和《中华人民共和国陆生野生动物保护实施条例》规定的法定义务，是各级人民政府依法制定野生动物资源保护对策和开展可持续性科学利用的基础，是评价野生动物保护成效的重要依据。随着生态文明建设的深入推进，各级人民政府越来越重视野生动物资源依法依规的保护与管理。各类与生物多样性相关规划的编制、生态环境保护成效的评价等都需要以野生动物资源本底数据为基础。但是，截至2018年底，浙江省仍未开展过县级野生动物资源本底调查。尽快启动县级野生动物资源本底调查，获取资源本底数、多样性特点、栖息地状况、多年变化规律等，成为迫切的现实需求。

温岭市在"绿水青山就是金山银山"理念的指引下，干在实处、走在前列、勇立潮头，于2020年4月委托浙江省森林资源监测中心（浙江省林业调查规划设计院）进行调研，温岭市野生动物资源本底调查正式启动。2021年，温岭市被纳入全省野生动物资源本底调查试点县，作为浙江省的试点开展县级野生动物资源本底调查，摸清温岭市范围内野生动物的种类、数量、分布和栖息地状况，对野生动物和栖息地受胁因素进行科学评估，提出保护对策；通过试点探索符合县级精度要求的调查模式和方法，为浙江省全面铺开县级野生动物资源调查提供示范。

温岭市野生动物资源本底调查是一项开创性工作，浙江省林业局、温岭市人民政府对其高度重视。为确保试点工作的科学性和可操作性，项目组深入研究了林业部门、环保部门与生物多样性调查相关的技术规程，浙江省第一次、第二次野生动物资源调查成果，以及浙江省各级各类自然保护区历年的生物多样性科考成果等，经过认真总结与吸收，编制了调查技术方案，同时开展了大量野外试验性调查，确保了调查技术方案的普适性，最后结合温岭市的实际情况，量身定制了更加细化的内容。

历经三年，项目组摸清了市域内野生动物的种类、数量、分布和栖息地状况，圆满完成了既定任务，取得了可喜的成果。根据调查及历史文献的整理汇总，共确认温岭市原生野生脊椎动物 508 种，隶属 40 目 133 科，占全省野生脊椎动物总种数的 52.2%，其中包括淡水鱼类 8 目 18 科 61 种，两栖类 2 目 9 科 24 种，爬行类 2 目 13 科 39 种，鸟类 20 目 68 科 316 种，兽类 8 目 25 科 68 种。温岭市珍稀濒危物种众多，国家重点保护野生动物有 79 种，其中国家一级重点保护野生动物有青头潜鸭、黑嘴鸥、黑脸琵鹭、彩鹮、中华穿山甲等 12 种，国家二级重点保护野生动物有义乌小鲵、乌龟、鸳鸯、水獭、瓜头鲸等 67 种；浙江省重点保护野生动物有 60 种；被《世界自然保护联盟濒危物种红色名录》评估为易危（VU）及以上等级的物种有 27 种，其中极危（CR）3 种，濒危（EN）8 种，易危（VU）16 种；被《中国生物多样性红色名录—脊椎动物卷》评估为易危（VU）及以上等级的物种有 46 种，其中极危（CR）3 种，濒危（EN）17 种，易危（VU）26 种。

温岭市野生动物资源本底调查最突出的成绩是获得了共 104 种野生动物分布新记录，其中淡水鱼类 8 种，两栖类 6 种，爬行类 10 种，鸟类 79 种，兽类 1 种。新记录物种种数占全市野生脊椎物种总数的 20.5%。温岭市 104 种分布新记录动物中，属于浙江分布新记录的有 3 种，属于台州市分布新记录的有 21 种。这些新的发现大幅度提升了温岭市的生物多样性水平。

本次温岭市野生动物资源本底调查为生物多样性长期监测提供了基础，有助于提升温岭市野生动物资源的保护、监测水平，以及温岭市的生态效益、社会效益，为浙江省县级单位生物多样性保护与可持续利用提供了示范。

本书是温岭市野生动物资源本底调查与研究的成果，是根据各个动物门类的专题报告，并综合有关文献、历史资料所做的系统性研究与总结。由于温岭市野生动物资源本底调查具有开创性特点，一些调查方法和数据处理技术尚在探索之中，许多工作有待进一步完善，加之该地区历史资料有限，书中难免有疏虞之处，恳请各位专家批评指正。

C O N T 目 录 E N T S

总 论

第1章 温岭市基本情况 2
    1.1 自然地理 2
    1.2 自然资源 3
第2章 野生动物多样性 4
    2.1 野生动物种类 4
    2.2 调查新发现 4
    2.3 国家重点保护野生动物 7
    2.4 浙江省重点保护野生动物 9
    2.5 《世界自然保护联盟濒危物种红色名录》濒危物种 10
    2.6 《中国生物多样性红色名录—脊椎动物卷》濒危物种 11

各 论

第3章 两栖类 14

一、有尾目
小鲵科
1. 义乌小鲵 14
蝾螈科
2. 东方蝾螈 14
3. 秉志肥螈 15
4. 中国瘰螈 15

二、无尾目
角蟾科
5. 淡肩角蟾 16
蟾蜍科
6. 中华蟾蜍 16
7. 黑眶蟾蜍 17

雨蛙科
8. 中国雨蛙 17
姬蛙科
9. 小弧斑姬蛙 18
10. 饰纹姬蛙 18
叉舌蛙科
11. 泽陆蛙 19
12. 虎纹蛙 19
13. 福建大头蛙 20
14. 棘胸蛙 20
蛙科
15. 武夷湍蛙 21
16. 弹琴蛙 21
17. 沼水蛙 22

18. 阔褶水蛙 ·········· 22
19. 天目臭蛙 ·········· 23
20. 小竹叶蛙 ·········· 23
21. 黑斑侧褶蛙 ·········· 24

22. 金线侧褶蛙 ·········· 24
23. 镇海林蛙 ·········· 25

树蛙科

24. 布氏泛树蛙 ·········· 25

第4章 爬行类 ·········· 26

三、龟鳖目

鳖科

25. 中华鳖 ·········· 26

地龟科

26. 乌龟 ·········· 26

四、有鳞目

壁虎科

27. 铅山壁虎 ·········· 27
28. 多疣壁虎 ·········· 27
29. 蹼趾壁虎 ·········· 28

石龙子科

30. 铜蜓蜥 ·········· 28
31. 中国石龙子 ·········· 29
32. 蓝尾石龙子 ·········· 29
33. 宁波滑蜥 ·········· 30

蜥蜴科

34. 北草蜥 ·········· 30

闪皮蛇科

35. 黑脊蛇 ·········· 31

钝头蛇科

36. 平鳞钝头蛇 ·········· 31

蝰科

37. 白头蝰 ·········· 32
38. 原矛头蝮 ·········· 32
39. 尖吻蝮 ·········· 33
40. 福建竹叶青蛇 ·········· 33

水蛇科

41. 中国水蛇 ·········· 34

眼镜蛇科

42. 银环蛇 ·········· 34
43. 舟山眼镜蛇 ·········· 35
44. 中华珊瑚蛇 ·········· 35

游蛇科

45. 绞花林蛇 ·········· 36
46. 中国小头蛇 ·········· 36
47. 翠青蛇 ·········· 37
48. 乌梢蛇 ·········· 37
49. 灰鼠蛇 ·········· 38
50. 滑鼠蛇 ·········· 38
51. 黄链蛇 ·········· 39
52. 赤链蛇 ·········· 39
53. 玉斑锦蛇 ·········· 40
54. 紫灰锦蛇 ·········· 40
55. 王锦蛇 ·········· 41
56. 黑眉锦蛇 ·········· 41
57. 红纹滞卵蛇 ·········· 42

水游蛇科

58. 草腹链蛇 ·········· 42
59. 颈棱蛇 ·········· 43
60. 虎斑颈槽蛇 ·········· 43
61. 赤链华游蛇 ·········· 44
62. 乌华游蛇 ·········· 44

剑蛇科

63. 黑头剑蛇 ·········· 45

第5章 鸟 类 ·········· 46

五、鸡形目

雉科

64. 鹌鹑 ·········· 46
65. 灰胸竹鸡 ·········· 46

66. 白鹇 ·········· 47
67. 白颈长尾雉 ·········· 47
68. 环颈雉 ·········· 48

六、雁形目

鸭科

69. 豆雁 …………………………… 48
70. 白额雁 ………………………… 49
71. 小白额雁 ……………………… 49
72. 翘鼻麻鸭 ……………………… 50
73. 鸳鸯 …………………………… 50
74. 赤颈鸭 ………………………… 51
75. 罗纹鸭 ………………………… 51
76. 赤膀鸭 ………………………… 52
77. 绿翅鸭 ………………………… 52
78. 绿头鸭 ………………………… 53
79. 斑嘴鸭 ………………………… 53
80. 针尾鸭 ………………………… 54
81. 白眉鸭 ………………………… 54
82. 琵嘴鸭 ………………………… 55
83. 红头潜鸭 ……………………… 55
84. 青头潜鸭 ……………………… 56
85. 白眼潜鸭 ……………………… 56
86. 凤头潜鸭 ……………………… 57
87. 斑头秋沙鸭 …………………… 57

七、䴙䴘目

䴙䴘科

88. 小䴙䴘 ………………………… 58
89. 凤头䴙䴘 ……………………… 58
90. 黑颈䴙䴘 ……………………… 59

八、鸽形目

鸠鸽科

91. 山斑鸠 ………………………… 59
92. 火斑鸠 ………………………… 60
93. 珠颈斑鸠 ……………………… 60

九、夜鹰目

夜鹰科

94. 普通夜鹰 ……………………… 61

雨燕科

95. 白腰雨燕 ……………………… 61
96. 小白腰雨燕 …………………… 62

一〇、鹃形目

杜鹃科

97. 红翅凤头鹃 …………………… 62
98. 大鹰鹃 ………………………… 63
99. 四声杜鹃 ……………………… 63
100. 大杜鹃 ………………………… 64
101. 中杜鹃 ………………………… 64
102. 小杜鹃 ………………………… 65
103. 小鸦鹃 ………………………… 65
104. 噪鹃 …………………………… 66

一一、鹤形目

秧鸡科

105. 普通秧鸡 ……………………… 66
106. 白胸苦恶鸟 …………………… 67
107. 红脚田鸡 ……………………… 67
108. 小田鸡 ………………………… 68
109. 西秧鸡 ………………………… 68
110. 黑水鸡 ………………………… 69
111. 白骨顶 ………………………… 69

一二、鸻形目

蛎鹬科

112. 蛎鹬 …………………………… 70

反嘴鹬科

113. 黑翅长脚鹬 …………………… 70
114. 反嘴鹬 ………………………… 71

鸻科

115. 凤头麦鸡 ……………………… 71
116. 灰头麦鸡 ……………………… 72
117. 金鸻 …………………………… 72
118. 灰鸻 …………………………… 73
119. 长嘴剑鸻 ……………………… 73
120. 金眶鸻 ………………………… 74
121. 环颈鸻 ………………………… 74
122. 蒙古沙鸻 ……………………… 75
123. 铁嘴沙鸻 ……………………… 75

彩鹬科

124. 彩鹬 …………………………… 76

水雉科

125. 水雉 …………………………… 76

鹬科

126. 丘鹬 ······ 77

127. 针尾沙锥 ······ 77

128. 扇尾沙锥 ······ 78

129. 半蹼鹬 ······ 78

130. 黑尾塍鹬 ······ 79

131. 斑尾塍鹬 ······ 79

132. 小杓鹬 ······ 80

133. 中杓鹬 ······ 80

134. 白腰杓鹬 ······ 81

135. 大杓鹬 ······ 81

136. 鹤鹬 ······ 82

137. 红脚鹬 ······ 82

138. 泽鹬 ······ 83

139. 青脚鹬 ······ 83

140. 小青脚鹬 ······ 84

141. 白腰草鹬 ······ 84

142. 林鹬 ······ 85

143. 灰尾漂鹬 ······ 85

144. 翘嘴鹬 ······ 86

145. 矶鹬 ······ 86

146. 翻石鹬 ······ 87

147. 大滨鹬 ······ 87

148. 小滨鹬 ······ 88

149. 红腹滨鹬 ······ 88

150. 三趾滨鹬 ······ 89

151. 红颈滨鹬 ······ 89

152. 青脚滨鹬 ······ 90

153. 长趾滨鹬 ······ 90

154. 尖尾滨鹬 ······ 91

155. 弯嘴滨鹬 ······ 91

156. 黑腹滨鹬 ······ 92

157. 勺嘴鹬 ······ 92

158. 阔嘴鹬 ······ 93

159. 流苏鹬 ······ 93

三趾鹑科

160. 黄脚三趾鹑 ······ 94

鸥科

161. 黑尾鸥 ······ 94

162. 西伯利亚银鸥 ······ 95

163. 小黑背银鸥 ······ 95

164. 红嘴鸥 ······ 96

165. 黑嘴鸥 ······ 96

166. 遗鸥 ······ 97

167. 三趾鸥 ······ 97

168. 鸥嘴噪鸥 ······ 98

169. 红嘴巨燕鸥 ······ 98

170. 大凤头燕鸥 ······ 99

171. 黑枕燕鸥 ······ 99

172. 粉红燕鸥 ······ 100

173. 普通燕鸥 ······ 100

174. 乌燕鸥 ······ 101

175. 褐翅燕鸥 ······ 101

176. 灰翅浮鸥 ······ 102

177. 白翅浮鸥 ······ 102

178. 白顶玄燕鸥 ······ 103

一三、潜鸟目

潜鸟科

179. 红喉潜鸟 ······ 103

一四、鹱形目

鹱科

180. 褐燕鹱 ······ 104

一五、鹳形目

鹳科

181. 东方白鹳 ······ 104

一六、鲣鸟目

军舰鸟科

182. 白斑军舰鸟 ······ 105

鸬鹚科

183. 绿背鸬鹚 ······ 105

184. 普通鸬鹚 ······ 106

一七、鹈形目

鹮科

185. 白琵鹭 ······ 106

186. 黑脸琵鹭 ······ 107

187. 彩鹮 ······ 107

鹭科

188. 苍鹭 ······ 108

189. 草鹭 ······ 108

190. 大白鹭 …………………… 109
191. 中白鹭 …………………… 109
192. 白鹭 ……………………… 110
193. 黄嘴白鹭 ………………… 110
194. 岩鹭 ……………………… 111
195. 牛背鹭 …………………… 111
196. 池鹭 ……………………… 112
197. 绿鹭 ……………………… 112
198. 夜鹭 ……………………… 113
199. 黄斑苇鳽 ………………… 113
200. 栗苇鳽 …………………… 114
201. 大麻鳽 …………………… 114

一八、鹰形目
鹗科
202. 鹗 ………………………… 115
鹰科
203. 黑冠鹃隼 ………………… 115
204. 凤头蜂鹰 ………………… 116
205. 黑翅鸢 …………………… 116
206. 蛇雕 ……………………… 117
207. 白腹鹞 …………………… 117
208. 白尾鹞 …………………… 118
209. 凤头鹰 …………………… 118
210. 赤腹鹰 …………………… 119
211. 日本松雀鹰 ……………… 119
212. 松雀鹰 …………………… 120
213. 雀鹰 ……………………… 120
214. 灰脸鵟鹰 ………………… 121
215. 普通鵟 …………………… 121
216. 大鵟 ……………………… 122
217. 林雕 ……………………… 122
218. 白腹隼雕 ………………… 123

一九、鸮形目
鸱鸮科
219. 领角鸮 …………………… 123
220. 斑头鸺鹠 ………………… 124
221. 长耳鸮 …………………… 124
222. 短耳鸮 …………………… 125
草鸮科
223. 草鸮 ……………………… 125

二〇、犀鸟目
戴胜科
224. 戴胜 ……………………… 126

二一、佛法僧目
蜂虎科
225. 蓝喉蜂虎 ………………… 126
佛法僧科
226. 三宝鸟 …………………… 127
翠鸟科
227. 普通翠鸟 ………………… 127
228. 白胸翡翠 ………………… 128
229. 蓝翡翠 …………………… 128
230. 冠鱼狗 …………………… 129
231. 斑鱼狗 …………………… 129

二二、啄木鸟目
拟啄木鸟科
232. 大拟啄木鸟 ……………… 130
啄木鸟科
233. 蚁䴕 ……………………… 130
234. 斑姬啄木鸟 ……………… 131
235. 黄嘴栗啄木鸟 …………… 131

二三、隼形目
隼科
236. 红隼 ……………………… 132
237. 灰背隼 …………………… 132
238. 燕隼 ……………………… 133
239. 游隼 ……………………… 133

二四、雀形目
八色鸫科
240. 仙八色鸫 ………………… 134
黄鹂科
241. 黑枕黄鹂 ………………… 134
山椒鸟科
242. 暗灰鹃鵙 ………………… 135
243. 小灰山椒鸟 ……………… 135
244. 灰山椒鸟 ………………… 136
245. 灰喉山椒鸟 ……………… 136

卷尾科

246. 黑卷尾 ·············· 137

247. 灰卷尾 ·············· 137

248. 发冠卷尾 ············ 138

王鹟科

249. 紫寿带 ·············· 138

250. 寿带 ················ 139

伯劳科

251. 虎纹伯劳 ············ 139

252. 牛头伯劳 ············ 140

253. 红尾伯劳 ············ 140

254. 荒漠伯劳 ············ 141

255. 棕背伯劳 ············ 141

256. 楔尾伯劳 ············ 142

鸦科

257. 松鸦 ················ 142

258. 灰喜鹊 ·············· 143

259. 红嘴蓝鹊 ············ 143

260. 灰树鹊 ·············· 144

261. 喜鹊 ················ 144

262. 秃鼻乌鸦 ············ 145

山雀科

263. 大山雀 ·············· 145

攀雀科

264. 中华攀雀 ············ 146

百灵科

265. 小云雀 ·············· 146

扇尾莺科

266. 棕扇尾莺 ············ 147

267. 山鹪莺 ·············· 147

268. 黄腹山鹪莺 ·········· 148

269. 纯色山鹪莺 ·········· 148

苇莺科

270. 黑眉苇莺 ············ 149

271. 东方大苇莺 ·········· 149

蝗莺科

272. 矛斑蝗莺 ············ 150

273. 小蝗莺 ·············· 150

274. 北蝗莺 ·············· 151

275. 苍眉蝗莺 ············ 151

燕科

276. 家燕 ················ 152

277. 金腰燕 ·············· 152

鹎科

278. 领雀嘴鹎 ············ 153

279. 黄臀鹎 ·············· 153

280. 白头鹎 ·············· 154

281. 红耳鹎 ·············· 154

282. 栗耳短脚鹎 ·········· 155

283. 栗背短脚鹎 ·········· 155

284. 绿翅短脚鹎 ·········· 156

285. 黑短脚鹎 ············ 156

柳莺科

286. 褐柳莺 ·············· 157

287. 黄腰柳莺 ············ 157

288. 黄眉柳莺 ············ 158

289. 极北柳莺 ············ 158

290. 淡脚柳莺 ············ 159

291. 冕柳莺 ·············· 159

树莺科

292. 鳞头树莺 ············ 160

293. 远东树莺 ············ 160

294. 强脚树莺 ············ 161

295. 棕脸鹟莺 ············ 161

长尾山雀科

296. 红头长尾山雀 ········ 162

莺鹛科

297. 灰头鸦雀 ············ 162

298. 棕头鸦雀 ············ 163

299. 短尾鸦雀 ············ 163

绣眼鸟科

300. 红胁绣眼鸟 ·········· 164

301. 暗绿绣眼鸟 ·········· 164

302. 栗耳凤鹛 ············ 165

林鹛科

303. 棕颈钩嘴鹛 ·········· 165

304. 红头穗鹛 ············ 166

幽鹛科

305. 灰眶雀鹛 ············ 166

噪鹛科

306. 黑领噪鹛 ············ 167

307. 黑脸噪鹛 ············ 167

308. 画眉 ················ 168

309. 红嘴相思鸟 ·········· 168

椋鸟科

310. 八哥 ················· 169

311. 黑领椋鸟 ··············· 169

312. 北椋鸟 ················ 170

313. 紫背椋鸟 ··············· 170

314. 丝光椋鸟 ··············· 171

315. 灰椋鸟 ················ 171

316. 紫翅椋鸟 ··············· 172

鸫科

317. 白眉地鸫 ·············· 172

318. 虎斑地鸫 ·············· 173

319. 灰背鸫 ··············· 173

320. 乌灰鸫 ··············· 174

321. 乌鸫 ················ 174

322. 白眉鸫 ··············· 175

323. 白腹鸫 ··············· 175

324. 赤胸鸫 ··············· 176

325. 红尾斑鸫 ·············· 176

326. 斑鸫 ················ 177

鹟科

327. 日本歌鸲 ·············· 177

328. 蓝歌鸲 ··············· 178

329. 红尾歌鸲 ·············· 178

330. 北红尾鸲 ·············· 179

331. 红尾水鸲 ·············· 179

332. 红喉歌鸲 ·············· 180

333. 红胁蓝尾鸲 ············· 180

334. 鹊鸲 ················ 181

335. 小燕尾 ··············· 181

336. 灰背燕尾 ·············· 182

337. 白额燕尾 ·············· 182

338. 黑喉石鵖 ·············· 183

339. 蓝矶鸫 ··············· 183

340. 紫啸鸫 ··············· 184

341. 灰纹鹟 ··············· 184

342. 乌鹟 ················ 185

343. 北灰鹟 ··············· 185

344. 黄眉姬鹟 ·············· 186

345. 鸲姬鹟 ··············· 186

346. 白腹蓝鹟 ·············· 187

347. 铜蓝鹟 ··············· 187

太平鸟科

348. 小太平鸟 ·············· 188

丽星鹩鹛科

349. 丽星鹩鹛 ·············· 188

花蜜鸟科

350. 叉尾太阳鸟 ············· 189

梅花雀科

351. 白腰文鸟 ·············· 189

352. 斑文鸟 ··············· 190

雀科

353. 山麻雀 ··············· 190

354. 麻雀 ················ 191

鹡鸰科

355. 白鹡鸰 ··············· 191

356. 黄鹡鸰 ··············· 192

357. 灰鹡鸰 ··············· 192

358. 田鹨 ················ 193

359. 树鹨 ················ 193

360. 红喉鹨 ··············· 194

361. 黄腹鹨 ··············· 194

燕雀科

362. 燕雀 ················ 195

363. 黄雀 ················ 195

364. 金翅雀 ··············· 196

365. 锡嘴雀 ··············· 196

366. 黑尾蜡嘴雀 ············· 197

鹀科

367. 三道眉草鹀 ············· 197

368. 红颈苇鹀 ·············· 198

369. 白眉鹀 ··············· 198

370. 栗耳鹀 ··············· 199

371. 小鹀 ················ 199

372. 黄眉鹀 ··············· 200

373. 田鹀 ················ 200

374. 黄喉鹀 ··············· 201

375. 栗鹀 ················ 201

376. 硫黄鹀 ··············· 202

377. 灰头鹀 ··············· 202

378. 苇鹀 ················ 203

379. 芦鹀 ················ 203

第6章 兽 类 ·· 204

二五、劳亚食虫目
刺猬科
380. 东北刺猬 ··· 204
鼩鼱科
381. 臭鼩 ··· 204
382. 山东小麝鼩 ·· 205

二六、翼手目
蝙蝠科
383. 东亚伏翼 ··· 205
384. 亚洲长翼蝠 ·· 206

二七、鳞甲目
鲮鲤科
385. 中华穿山甲 ·· 206

二八、食肉目
犬科
386. 狼 ··· 207
387. 赤狐 ··· 207
388. 貉 ··· 207
鼬科
389. 黄腹鼬 ·· 208
390. 黄鼬 ··· 208
391. 鼬獾 ··· 209
392. 亚洲狗獾 ··· 209
393. 猪獾 ··· 210
394. 欧亚水獭 ··· 210
海豹科
395. 髯海豹 ·· 211
396. 斑海豹 ·· 211
灵猫科
397. 小灵猫 ·· 212
398. 果子狸 ·· 212
獴科
399. 食蟹獴 ·· 213
猫科
400. 豹猫 ··· 213

二九、偶蹄目
猪科
401. 野猪 ··· 214
鹿科
402. 毛冠鹿 ·· 214
403. 小麂 ··· 215
牛科
404. 中华鬣羚 ··· 215

三〇、啮齿目
松鼠科
405. 赤腹松鼠 ··· 216
406. 倭花鼠 ·· 216
仓鼠科
407. 黑腹绒鼠 ··· 217
鼠科
408. 巢鼠 ··· 217
409. 黑线姬鼠 ··· 218
410. 中华姬鼠 ··· 218
411. 黄毛鼠 ·· 219
412. 大足鼠 ·· 219
413. 褐家鼠 ·· 220
414. 黄胸鼠 ·· 220
415. 北社鼠 ·· 221
416. 针毛鼠 ·· 221
417. 青毛巨鼠 ··· 222
418. 白腹巨鼠 ··· 222
419. 小家鼠 ·· 223
鼹形鼠科
420. 中华竹鼠 ··· 223
豪猪科
421. 马来豪猪 ··· 224

三一、兔形目
兔科
422. 华南兔 ·· 224

中文名索引 ··· 225
拉丁学名索引 ··· 228

总 论

温 岭 市 野 生 动 物

第 1 章　温岭市基本情况

1.1　自然地理

1.1.1　地理位置

温岭市地处浙江东南沿海、长三角地区的南翼，三面临海，东濒东海，南连玉环，西邻乐清及乐清湾，北接台州市区。地理坐标为东经 121°09′50″~121°44′00″，北纬 28°12′45″~28°32′02″。甬台温铁路客运专线、沿海高速公路、104 国道穿境而过，市人民政府驻地太平街道距省会杭州 300km。温岭市是中国大陆新千年、新世纪第一缕曙光首照地，素称"鱼米之乡"，被誉为"虾仁王国"。

1.1.2　地质

温岭市位于温州至镇海大断裂东侧，自中生代至今为太平洋型大陆边缘活动带，受火山构造活动、断裂活动及升降运动影响显著，断裂构造十分复杂，不仅分布密集，而且强度大。温岭地处华南褶皱系浙东南褶皱带，在温州—临海坳陷中的黄岩—象山断坳次一级构造单元内。岩石多为灰色-灰紫色流纹质含晶屑熔结凝灰岩，局部夹凝灰质砂岩、粉砂岩。海岸地貌绝大部分以基岩质为主，次为人工海岸，砂砾质海岸和淤泥质海岸分布极少；潮间带地貌以滩涂为主；水下地貌基本属水下浅滩、水下缓坡；潮流脊槽地貌欠发育；海域人工地貌表现为滩涂畦、捕捞养殖设施等。

1.1.3　地形地貌

温岭市陆域地形东西长、南北狭。东西长 55.5km，南北宽 35.9km。陆域面积 925.8km²，其中，山区面积 387.3km²，平原面积 490.6km²，河、库、塘等水域面积 47.9km²，为"四山一水五分田"。温岭市地势西高东低，自西向东逐渐倾斜。西部和西南部多为绵延起伏的低山丘陵，属北雁荡山余脉，海拔最高为 733.9m；北部、中部和东部为平原，地势平坦，河流纵横，系温黄平原的主要组成部分，海拔 2.5~3.0m。全市海岸线长 316.91km（其中陆地海岸线 147.5km）；20m 等深线浅海面积 924.1km²；大小岛屿有 170 个，面积 14.9km²；滩涂多为滨海平原外围的潮间带淤泥浅滩，面积 155.4km²，滩涂平坦。

1.1.4　气候

温岭市属亚热带季风气候区，因濒临东海，具有明显的海洋性气候和雨热同季特征，海洋性气候影响明显。总的特点是四季分明，气候温和，温湿适中，雨量充沛，光照适宜，无霜期长。

受亚热带季风影响，年平均气温 16.9~17.6℃，最热的 7 月月平均气温 33~35℃，最冷的 2 月月平均气温 0~6.7℃；一般海拔每升高 100m，气温降低 0.48℃。年平均降水量 1660mm；全年有 2 个雨季，5—6 月为梅雨期，7—9 月为台风暴雨期。气候表现出"冬无严寒、夏无酷暑"的特点。主要的灾害性天气有暴雨、台风、冰雹、大风、寒潮等。

1.1.5　水文特征

温岭市河流众多，河流总长 1494km，河网水域总面积 31.1km²，总容积 6253.9 万 m³，蓄水容积 4916.3 万 m³。现有（地）市级河道 3 条、县（市）级河道 16 条、重要乡镇级河道 331 条，主要河道包括金清港、南官河、翁岙河、联树桥河、廿四弓河、运粮河、木城河、箬松河、大溪河、江厦大港、双桥河、东月河等。主要水系为金清水系，其在温岭市内流域面积为 693.1km²，占其全流域面积的 59.1%；其次有西南部的若干独立水系。金清水系河流的流量受降水影响十分明显，属雨源类河流；其他各水系河流源短流急，枯洪变化悬殊，属山溪间歇性河流。

温岭市人均水资源量为 709m³，仅为全国人均水资源量的 30%，属水资源严重短缺地区。

1.1.6　土壤

温岭市土壤类型较为丰富，地域分布明显。土类主要有黄壤、红壤、粗骨土、潮土、滨海盐土及水稻土6种。黄壤主要分布于海拔500m以上的山顶部位；红壤是温岭市的重要山地土壤类型，面积约占全市土壤总面积的一半，主要分布于丘陵中下部，土层较为深厚；粗骨土主要有石砂土土属，分布于山顶陡坡地段，以太平街道南部与东部、城东街道与太平及新河交界地带、新河长屿硐天风景区等地较为集中，土层浅薄，侵蚀严重，石砾含量较高；潮土主要分布于河谷和海滨地带；水稻土分布于平原河网地区；滨海盐土以条带状分布于沿海一带。

1.2　自然资源

1.2.1　森林资源

温岭市森林覆盖率为33.48%，居全省下游水平，高于全国平均水平（13.92%）。全市共有林业用地46.30万亩（1亩≈667m^2），其中有林地面积为44.46万亩，占全市林业用地的96.03%。在有林地中，防护林面积19.84万亩，占44.62%；用材林面积2.05万亩，占4.6%；薪炭林面积10.47万亩，占23.55%；经济林面积10.03万亩，占22.56%。全市活立木总蓄积量为46.20万m^3，人均林木蓄积量少，主要分布于大溪镇、温峤镇和城南镇。温岭市的森林资源质量不高，可伐资源贫乏；在林种组成上，针叶林占比高达90%，而作为地带性植被的常绿阔叶林严重缺乏。

1.2.2　湿地资源

温岭市滩涂资源分布相对集中，主要分布在东部（大港湾）、南部（隘顽湾）和乐清湾中、北部（坞根）沿海。温岭沿海的滨海平原是当地重要的粮食生产基地；同时围塘养殖发展迅速，成为温岭湿地资源新的有机组成部分。平原水网则形成了相应的淡水湿地。

1.2.3　生物资源

温岭市植物物种多样性丰富，全市共有野生维管植物195科881属1767种。其中，蕨类植物33科65属135种；裸子植物9科31属38种；被子植物153科785属1594种。海洋植物资源也相当丰富，主要植物种类在102种以上，包括角刺藻、菱形藻、圆筛藻、海毛藻等。

温岭市有陆生原生野生脊椎动物40目133科508种，包括淡水鱼类8目18科61种、两栖类2目9科24种、爬行类2目13科39种、鸟类20目68科316种、兽类8目25科68种。温岭市珍稀濒危物种众多，国家重点保护野生动物有79种，其中国家一级重点保护野生动物有12种，国家二级重点保护野生动物有67种；浙江省重点保护野生动物有60种；被《世界自然保护联盟濒危物种红色名录》评估为易危（VU）及以上等级的物种有27种；被《中国生物多样性红色名录—脊椎动物卷》评估为易危（VU）及以上等级的物种有46种。

温岭市另有丰富的海洋动物资源，主要分为海洋鱼类、甲壳类和软体类等三类。

1.2.4　旅游资源

温岭市自然与人文景观资源非常丰富。市内有中国大陆新千年、新世纪阳光首照地的曙光公园；有"东方巴黎圣母院"之称、风光旖旎的石塘渔村；有国家AAAA级景区、有1500多年历史的采石遗址、被载入世界吉尼斯之最的长屿硐天；有被誉为"空中花园"、地貌奇特、景色秀丽的方山—南嵩岩景区；有古树参天、拥有始建于唐朝的著名古刹小明因寺的江夏省级森林公园；有位居世界第三、中国第一的江夏潮汐电站；有惟妙惟肖、为古时太平县标志的"石夫人"；有巨石嶙峋、奇峰突兀的大球山；有壁立千仞、气象雄伟的道教圣地——红岩背景区；有集峰、石、瀑、溪、潭、洞、林、寺于一体的森林公园——紫莲山景区；有群山环抱、环境清幽的森林公园流庆寺景区；有长600m多、宽70m多、由黄金细沙铺成的天然海滨浴场——洞下沙滩。此外还有众多的海岛景观等，不胜枚举。

第 2 章 野生动物多样性

2.1 野生动物种类

温岭市地处浙江东南沿海，生态环境优越，为野生动物提供了良好的栖息环境，野生动物资源十分丰富。通过长达 3 年的野外调查及历史资料汇总，本书共记录温岭市原生野生脊椎动物 508 种，隶属 40 目 133 科，占浙江省脊椎动物总种数的 52.2%。其中，淡水鱼类 8 目 18 科 61 种，占全省淡水鱼类总数的 40.4%；两栖类 2 目 9 科 24 种，占全省两栖类总数的 42.9%；爬行类 2 目 13 科 39 种，占全省爬行类总数的 45.3%；鸟类 20 目 68 科 316 种，占全省鸟类总数的 56.3%；兽类 8 目 25 科 68 种，占全省兽类总数的 57.1%（表 2-1）。

表 2-1 温岭市野生动物种类数量

类别	目数	科数	种数
淡水鱼类	8	18	61
两栖类	2	9	24
爬行类	2	13	39
鸟类	20	68	316
兽类	8	25	68
合计	40	133	508

2.2 调查新发现

温岭市野生动物资源本底调查突出的成绩之一是新增了大量野生动物分布新记录，共计 104 种，占全市野生脊椎动物物种总数的 20.5%，其中淡水鱼类 8 种，两栖类 6 种，爬行类 10 种，鸟类 79 种，兽类 1 种。温岭市 104 种分布新记录动物中，属于浙江省分布新记录的有 3 种，属于台州市分布新记录的有 18 种（表 2-2）。

表 2-2 温岭市野生动物分布新记录

序号	类别	中文名	拉丁学名	备注
1	淡水鱼类	花鳗鲡	*Anguilla marmorata*	
2	淡水鱼类	长鳍马口鱼	*Opsariichthys evolans*	
3	淡水鱼类	刺颏鱲	*Zacco acanthogenys*	
4	淡水鱼类	侧条光唇鱼	*Acrossocheilus parallens*	浙江新记录
5	淡水鱼类	浙江花鳅	*Cobitis zhejiangensis*	
6	淡水鱼类	台湾吻虾虎鱼	*Rhinogobius formosanus*	浙江新记录
7	淡水鱼类	乌岩岭吻虾虎鱼	*Rhinogobius wuyanlingensis*	台州新记录
8	淡水鱼类	日本瓢鳍虾虎鱼	*Sicyopterus japonicus*	台州新记录
9	两栖类	淡肩角蟾	*Megophrys boettgeri*	
10	两栖类	福建大头蛙	*Limnonectes fujianensis*	台州新记录
11	两栖类	武夷湍蛙	*Amolops wuyiensis*	
12	两栖类	天目臭蛙	*Odorrana tianmuii*	
13	两栖类	小竹叶蛙	*Odorrana exiliversabilis*	
14	两栖类	布氏泛树蛙	*Polypedates braueri*	
15	爬行类	铅山壁虎	*Gekko hokouensis*	
16	爬行类	铜蜓蜥	*Sphenomorphus indicus*	
17	爬行类	中国石龙子	*Plestiodon chinensis*	

序号	类别	中文名	拉丁学名	备注
18	爬行类	黑脊蛇	*Achalinus spinalis*	
19	爬行类	平鳞钝头蛇	*Pareas boulengeri*	台州新记录
20	爬行类	白头蝰	*Azemiops kharini*	
21	爬行类	中国水蛇	*Myrrophis chinensis*	台州新记录
22	爬行类	翠青蛇	*Cyclophiops major*	
23	爬行类	草腹链蛇	*Amphiesma stolatum*	
24	爬行类	黑头剑蛇	*Sibynophis chinensis*	
25	鸟类	翘鼻麻鸭	*Tadorna tadorna*	
26	鸟类	针尾鸭	*Anas acuta*	
27	鸟类	红头潜鸭	*Aythya ferina*	
28	鸟类	青头潜鸭	*Aythya baeri*	
29	鸟类	白眼潜鸭	*Aythya nyroca*	
30	鸟类	斑头秋沙鸭	*Mergellus albellus*	台州新记录
31	鸟类	小白腰雨燕	*Apus nipalensis*	
32	鸟类	大鹰鹃	*Hierococcyx sparverioides*	
33	鸟类	小鸦鹃	*Centropus bengalensis*	
34	鸟类	西秧鸡	*Rallus aquaticus*	台州新记录
35	鸟类	蛎鹬	*Haematopus ostralegus*	
36	鸟类	凤头麦鸡	*Vanellus vanellus*	
37	鸟类	蒙古沙鸻	*Charadrius mongolus*	
38	鸟类	铁嘴沙鸻	*Charadrius leschenaultii*	
39	鸟类	黑尾塍鹬	*Limosa limosa*	
40	鸟类	斑尾塍鹬	*Limosa lapponica*	
41	鸟类	鹤鹬	*Tringa erythropus*	
42	鸟类	红脚鹬	*Tringa totanus*	
43	鸟类	小青脚鹬	*Tringa guttifer*	
44	鸟类	林鹬	*Tringa glareola*	
45	鸟类	灰尾漂鹬	*Tringa brevipes*	
46	鸟类	翘嘴鹬	*Xenus cinereus*	
47	鸟类	小滨鹬	*Calidris minuta*	
48	鸟类	三趾滨鹬	*Calidris alba*	
49	鸟类	流苏鹬	*Calidris pugnax*	
50	鸟类	黄脚三趾鹑	*Turnix tanki*	台州新记录
51	鸟类	红嘴巨燕鸥	*Hydroprogne caspia*	
52	鸟类	黑枕燕鸥	*Sterna sumatrana*	
53	鸟类	粉红燕鸥	*Sterna dougallii*	
54	鸟类	乌燕鸥	*Onychoprion fuscatus*	
55	鸟类	褐翅燕鸥	*Onychoprion anaethetus*	
56	鸟类	白顶玄燕鸥	*Anous stolidus*	台州新记录
57	鸟类	东方白鹳	*Ciconia boyciana*	
58	鸟类	绿背鸬鹚	*Phalacrocorax capillatus*	

续表

序号	类别	中文名	拉丁学名	备注
59	鸟类	白琵鹭	*Platalea leucorodia*	
60	鸟类	黑脸琵鹭	*Platalea minor*	
61	鸟类	黄斑苇鳽	*Ixobrychus sinensis*	
62	鸟类	大麻鳽	*Botaurus stellaris*	
63	鸟类	黑翅鸢	*Elanus caeruleus*	
64	鸟类	灰脸鵟鹰	*Butastur indicus*	
65	鸟类	普通鵟	*Buteo japonicus*	
66	鸟类	大鵟	*Buteo hemilasius*	台州新记录
67	鸟类	林雕	*Ictinaetus malaiensis*	
68	鸟类	蓝喉蜂虎	*Merops viridis*	台州新记录
69	鸟类	白胸翡翠	*Halcyon smyrnensis*	
70	鸟类	大拟啄木鸟	*Psilopogon virens*	台州新记录
71	鸟类	蚁䴕	*Jynx torquilla*	
72	鸟类	灰背隼	*Falco columbarius*	台州新记录
73	鸟类	黑枕黄鹂	*Oriolus chinensis*	
74	鸟类	暗灰鹃鵙	*Lalage melaschistos*	
75	鸟类	灰山椒鸟	*Pericrocotus divaricatus*	台州新记录
76	鸟类	矛斑蝗莺	*Locustella lanceolata*	
77	鸟类	小蝗莺	*Locustella certhiola*	
78	鸟类	红耳鹎	*Pycnonotus jocosus*	
79	鸟类	栗耳短脚鹎	*Hypsipetes amaurotis*	台州新记录
80	鸟类	红胁绣眼鸟	*Zosterops erythropleurus*	台州新记录
81	鸟类	北椋鸟	*Agropsar sturninus*	
82	鸟类	紫背椋鸟	*Agropsar philippensis*	台州新记录
83	鸟类	赤胸鸫	*Turdus chrysolaus*	
84	鸟类	红尾歌鸲	*Larvivora sibilans*	
85	鸟类	红喉歌鸲	*Calliope calliope*	
86	鸟类	铜蓝鹟	*Eumyias thalassinus*	
87	鸟类	丽星鹩鹛	*Elachura formosa*	
88	鸟类	栗鹀	*Emberiza rutila*	
89	鸟类	黑颈䴙䴘	*Podiceps nigricollis*	
90	鸟类	红翅凤头鹃	*Clamator coromandus*	
91	鸟类	小田鸡	*Zapornia pusilla*	
92	鸟类	水雉	*Hydrophasianus chirurgus*	
93	鸟类	黑嘴鸥	*Saundersilarus saundersi*	
94	鸟类	红喉潜鸟	*Gavia stellata*	
95	鸟类	彩鹮	*Plegadis falcinellus*	
96	鸟类	白腹隼雕	*Aquila fasciata*	
97	鸟类	荒漠伯劳	*Lanius isabellinus*	浙江新记录
98	鸟类	秃鼻乌鸦	*Corvus frugilegus*	
99	鸟类	短尾鸦雀	*Neosuthora davidiana*	

序号	类别	中文名	拉丁学名	备注
100	鸟类	红颈苇鹀	*Emberiza yessoensis*	
101	鸟类	硫黄鹀	*Emberiza sulphurata*	
102	鸟类	苇鹀	*Emberiza pallasi*	
103	鸟类	芦鹀	*Emberiza schoeniclus*	
104	兽类	亚洲长翼蝠	*Miniopterus fuliginosus*	台州新记录

2.3　国家重点保护野生动物

根据《国家重点保护野生动物名录》（2021），温岭市有国家重点保护野生动物 79 种，其中国家一级重点保护野生动物 12 种，国家二级重点保护野生动物 67 种。按动物类别统计，淡水鱼类 1 种，两栖类 3 种，爬行类 1 种，鸟类 63 种，兽类 11 种（表 2-3）。

表 2-3　温岭市国家重点保护野生动物

保护等级	类别	物种	备注
国家一级（12 种）	鸟类（10 种）	白颈长尾雉 *Syrmaticus ellioti*	
		青头潜鸭 *Aythya baeri*	
		小青脚鹬 *Tringa guttifer*	
		勺嘴鹬 *Calidris pygmeus*	历史资料
		黑嘴鸥 *Saundersilarus saundersi*	
		遗鸥 *Ichthyaetus relictus*	
		东方白鹳 *Ciconia boyciana*	
		黑脸琵鹭 *Platalea minor*	
		彩鹮 *Plegadis falcinellus*	
		黄嘴白鹭 *Egretta eulophotes*	
	兽类（2 种）	中华穿山甲 *Manis pentadactyla*	历史资料
		小灵猫 *Viverricula indica*	历史资料
国家二级（67）	淡水鱼类（1 种）	花鳗鲡 *Anguilla marmorata*	
	两栖类（3 种）	义乌小鲵 *Hynobius yiwuensis*	
		中国瘰螈 *Paramesotriton chinensis*	
		虎纹蛙 *Hoplobatrachus chinensis*	
	爬行类（1 种）	乌龟 *Mauremys reevesii*	
	鸟类（53 种）	白鹇 *Lophura nycthemera*	
		白额雁 *Anser albifrons*	
		小白额雁 *Anser erythropus*	
		鸳鸯 *Aix galericulata*	
		斑头秋沙鸭 *Mergellus albellus*	
		黑颈鸊鷉科 *Podiceps nigricollis*	
		小鸦鹃 *Centropus bengalensis*	
		水雉 *Hydrophasianus chirurgus*	
		半蹼鹬 *Limnodromus semipalmatus*	
		小杓鹬 *Numenius minutus*	
		白腰杓鹬 *Numenius arquata*	

续表

保护等级	类别	物种	备注
国家二级（67）	鸟类（53 种）	大杓鹬 *Numenius madagascariensis*	
		翻石鹬 *Arenaria interpres*	
		大滨鹬 *Calidris tenuirostris*	
		阔嘴鹬 *Calidris falcinellus*	
		大凤头燕鸥 *Thalasseus bergii*	历史资料
		白斑军舰鸟 *Fregata ariel*	历史资料
		白琵鹭 *Platalea leucorodia*	
		岩鹭 *Egretta sacra*	
		鹗 *Pandion haliaetus*	
		黑冠鹃隼 *Aviceda leuphotes*	
		凤头蜂鹰 *Pernis ptilorhynchus*	
		黑翅鸢 *Elanus caeruleus*	
		蛇雕 *Spilornis cheela*	
		白腹鹞 *Circus spilonotus*	
		白尾鹞 *Circus cyaneus*	
		凤头鹰 *Accipiter trivirgatus*	
		赤腹鹰 *Accipiter soloensis*	
		日本松雀鹰 *Accipiter gularis*	
		松雀鹰 *Accipiter virgatus*	
		雀鹰 *Accipiter nisus*	
		灰脸鵟鹰 *Butastur indicus*	
		普通鵟 *Buteo japonicus*	
		大鵟 *Buteo hemilasius*	
		林雕 *Ictinaetus malaiensis*	
		白腹隼雕 *Aquila fasciata*	
		领角鸮 *Otus lettia*	
		斑头鸺鹠 *Glaucidium cuculoides*	
		长耳鸮 *Asio otus*	
		短耳鸮 *Asio flammeus*	历史资料
		草鸮 *Tyto longimembris*	历史资料
		蓝喉蜂虎 *Merops viridis*	
		白胸翡翠 *Halcyon smyrnensis*	
		红隼 *Falco tinnunculus*	
		灰背隼 *Falco columbarius*	
		燕隼 *Falco subbuteo*	
		游隼 *Falco peregrinus*	
		仙八色鸫 *Pitta nympha*	
		短尾鸦雀 *Neosuthora davidiana*	
		红胁绣眼鸟 *Zosterops erythropleurus*	
		画眉 *Garrulax canorus*	
		红嘴相思鸟 *Leiothrix lutea*	
		红喉歌鸲 *Calliope calliope*	

保护等级	类别	物种	备注
国家二级（67）	兽类（9种）	貉 *Nyctereutes procyonoides*	
		水獭 *Lutra lutra*	
		豹猫 *Prionailurus bengalensis*	
		毛冠鹿 *Elaphodus cephalophus*	
		中华鬣羚 *Capricornis milneedwardsii*	历史资料
		东亚江豚 *Neophocaena sunameri*	历史资料
		真海豚 *Delphinus delphis*	访问、历史资料
		瓶鼻海豚 *Tursiops truncates*	访问、历史资料
		瓜头鲸 *Peponocephala electra*	访问、历史资料

2.4 浙江省重点保护野生动物

根据《浙江省重点保护陆生野生动物名录》，温岭市有浙江省重点保护野生动物 60 种，其中两栖类 7 种，爬行类 8 种，鸟类 40 种，兽类 5 种（表 2-4）。

表 2-4 温岭市浙江省重点保护野生动物

类别	中文名	拉丁学名	备注
两栖类（7种）	东方蝾螈	*Cynops orientalis*	
	秉志肥螈	*Pachytriton granulosus*	
	中国雨蛙	*Hyla chinensis*	
	棘胸蛙	*Quasipaa spinosa*	
	沼水蛙	*Hylarana guentheri*	
	天目臭蛙	*Odorrana tianmuii*	
	布氏泛树蛙	*Polypedates braueri*	
爬行类（8种）	宁波滑蜥	*Scincella modesta*	
	白头蝰	*Azemiops kharini*	
	尖吻蝮	*Deinagkistrodon acutus*	
	舟山眼镜蛇	*Naja atra*	
	滑鼠蛇	*Ptyas mucosa*	
	玉斑锦蛇	*Euprepiophis mandarinus*	
	王锦蛇	*Elaphe carinata*	
	黑眉锦蛇	*Elaphe taeniura*	
鸟类（40种）	豆雁	*Anser fabalis*	
	翘鼻麻鸭	*Tadorna tadorna*	
	赤颈鸭	*Mareca penelope*	
	罗纹鸭	*Mareca falcata*	
	赤膀鸭	*Mareca strepera*	
	绿翅鸭	*Anas crecca*	
	绿头鸭	*Anas platyrhynchos*	
	斑嘴鸭	*Anas zonorhyncha*	
	针尾鸭	*Anas acuta*	
	白眉鸭	*Spatula querquedula*	历史记录

续表

类别	中文名	拉丁学名	备注
鸟类（40种）	琵嘴鸭	*Spatula clypeata*	
	红头潜鸭	*Aythya ferina*	
	白眼潜鸭	*Aythya nyroca*	
	凤头潜鸭	*Aythya fuligula*	
	凤头䴙䴘	*Podiceps cristatus*	
	红翅凤头鹃	*Clamator coromandus*	
	大鹰鹃	*Hierococcyx sparverioides*	
	四声杜鹃	*Cuculus micropterus*	
	大杜鹃	*Cuculus canorus*	
	中杜鹃	*Cuculus saturatus*	
	小杜鹃	*Cuculus poliocephalus*	
	噪鹃	*Eudynamys scolopaceus*	
	黑尾鸥	*Larus crassirostris*	
	黑枕燕鸥	*Sterna sumatrana*	
	粉红燕鸥	*Sterna dougallii*	
	褐翅燕鸥	*Onychoprion anaethetus*	
	戴胜	*Upupa epops*	
	三宝鸟	*Eurystomus orientalis*	
	蚁䴕	*Jynx torquilla*	
	斑姬啄木鸟	*Picumnus innominatus*	
	黄嘴栗啄木鸟	*Blythipicus pyrrhotis*	历史记录
	黑枕黄鹂	*Oriolus chinensis*	
	寿带	*Terpsiphone incei*	
	虎纹伯劳	*Lanius tigrinus*	
	牛头伯劳	*Lanius bucephalus*	
	红尾伯劳	*Lanius cristatus*	
	荒漠伯劳	*Lanius isabellinus*	
	棕背伯劳	*Lanius schach*	
	楔尾伯劳	*Lanius sphenocercus*	
	叉尾太阳鸟	*Aethopyga christinae*	
兽类（5种）	黄腹鼬	*Mustela kathiah*	
	黄鼬	*Mustela sibirica*	
	果子狸	*Paguma larvata*	
	食蟹獴	*Herpestes urva*	历史记录
	中国豪猪	*Hystrix bodgsoni*	

2.5 《世界自然保护联盟濒危物种红色名录》濒危物种

根据《世界自然保护联盟濒危物种红色名录》（简称《IUCN红色名录》），温岭市有易危（VU）及以上等级物种27种，其中极危（CR）等级3种，濒危（EN）等级8种，易危（VU）等级16种（表2-5）。

表 2-5 温岭市《IUCN红色名录》濒危物种

类别	濒危等级	物种	备注
淡水鱼类（2种）	濒危（EN）	日本鳗鲡 *Anguilla japonica*	
		刀鲚 *Coilia nasus*	
两栖类（2种）	易危（VU）	义乌小鲵 *Hynobius yiwuensis*	
		棘胸蛙 *Quasipaa spinosa*	
爬行类（5种）	濒危（EN）	乌龟 *Mauremys reevesii*	
	易危（VU）	中华鳖 *Pelodiscus sinensis*	
		尖吻蝮 *Deinagkistrodon acutus*	
		舟山眼镜蛇 *Naja atra*	
		黑眉锦蛇 *Elaphe taeniura*	
鸟类（16种）	极危（CR）	青头潜鸭 *Aythya baeri*	
		勺嘴鹬 *Calidris pygmeus*	历史记录
	濒危（EN）	大杓鹬 *Numenius madagascariensis*	
		小青脚鹬 *Tringa guttifer*	
		大滨鹬 *Calidris tenuirostris*	
		东方白鹳 *Ciconia boyciana*	
		黑脸琵鹭 *Platalea minor*	
	易危（VU）	小白额雁 *Anser erythropus*	
		红头潜鸭 *Aythya ferina*	
		黑嘴鸥 *Saundersilarus saundersi*	
		遗鸥 *Ichthyaetus relictus*	
		三趾鸥 *Rissa tridactyla*	历史记录
		黄嘴白鹭 *Egretta eulophotes*	
		仙八色鸫 *Pitta nympha*	
		田鹀 *Emberiza rustica*	
		硫黄鹀 *Emberiza sulphurata*	
兽类（2种）	极危（CR）	中华穿山甲 *Manis pentadactyla*	历史记录
	易危（VU）	中华鬣羚 *Copricornis milneedwardsii*	历史记录

2.6 《中国生物多样性红色名录—脊椎动物卷》濒危物种

根据《中国生物多样性红色名录—脊椎动物卷》（简称《中国生物多样性红色名录》），温岭市有易危（VU）及以上等级物种46种，其中极危（CR）等级3种，濒危（EN）等级17种，易危（VU）等级26种（表2-6）。

表 2-6 温岭市《中国生物多样性红色名录》濒危物种

类别	濒危等级	物种	备注
淡水鱼类（3种）	濒危（EN）	日本鳗鲡 *Anguilla japonica*	
		花鳗鲡 *Anguilla marmorata*	
		香鱼 *Plecoglossus altivelis*	
两栖类（3种）	濒危（EN）	虎纹蛙 *Hoplobatrachus chinensis*	
	易危（VU）	义乌小鲵 *Hynobius yiwuensis*	
		棘胸蛙 *Quasipaa spinosa*	

续表

类别	濒危等级	物种	备注
爬行类（16种）	濒危（EN）	中华鳖 *Pelodiscus sinensis*	
		乌龟 *Mauremys reevesii*	
		尖吻蝮 *Deinagkistrodon acutus*	
		银环蛇 *Bungarus multicinctus*	
		滑鼠蛇 *Ptyas mucosa*	
		王锦蛇 *Elaphe carinata*	
		黑眉锦蛇 *Elaphe taeniura*	
	易危（VU）	白头蝰 *Azemiops kharini*	
		中国水蛇 *Myrrophis chinensis*	
		舟山眼镜蛇 *Naja atra*	
		中华珊瑚蛇 *Sinomicrurus macclellandi*	
		乌梢蛇 *Ptyas dhumnades*	
		灰鼠蛇 *Ptyas korros*	
		玉斑锦蛇 *Euprepiophis mandarinus*	
		赤链华游蛇 *Trimerodytes annularis*	
		乌华游蛇 *Trimerodytes percarinatus*	
鸟类（18种）	极危（CR）	青头潜鸭 *Aythya baeri*	
		勺嘴鹬 *Calidris pygmeus*	历史记录
	濒危（EN）	小青脚鹬 *Tringa guttifer*	
		遗鸥 *Ichthyaetus relictus*	
		东方白鹳 *Ciconia boyciana*	
		黑脸琵鹭 *Platalea minor*	
	易危（VU）	白颈长尾雉 *Syrmaticus ellioti*	
		小白额雁 *Anser erythropus*	
		大杓鹬 *Numenius madagascariensis*	
		大滨鹬 *Calidris tenuirostris*	
		红腹滨鹬 *Calidris canutus*	
		黑嘴鸥 *Saundersilarus saundersi*	
		黄嘴白鹭 *Egretta eulophotes*	
		大𫛭 *Buteo hemilasius*	
		林雕 *Ictinaetus malaiensis*	
		白腹隼雕 *Aquila fasciata*	
		仙八色鸫 *Pitta nympha*	
		硫黄鹀 *Emberiza sulphurata*	
兽类（6种）	极危（CR）	中华穿山甲 *Manis pentadactyla*	历史记录
	濒危（EN）	水獭 *Lutra lutra*	
		东亚江豚 *Neophocaena sunameri*	历史记录
	易危（VU）	豹猫 *Prionailurus bengalensis*	
		食蟹獴 *Herpestes urva*	历史记录
		中华鬣羚 *Copricornis milneedwardsii*	历史记录

各论

一、有尾目CAUDATA

1. 义乌小鲵 *Hynobius yiwuensis* Cai, 1985

小鲵科Hynobiidae

识别特征 体长83~136mm。头部卵圆形，头长大于头宽。吻端钝圆，鼻孔近吻端，鼻间距略大于眼间距。眼位于头的背侧。头顶有V形棱。唇缘光滑，无唇褶。上、下颌具细齿。犁骨齿列呈V形。躯干圆柱状，后肢较前肢粗。尾较长，尾鳍褶较发达。背面皮肤光滑，眼后角至颈褶有1条细纵沟；背部中央有纵向脊沟；头腹面光滑。体背面一般为黑褐色，在草丛中可变为浅草绿色；体侧面通常有灰白色细点；体腹面灰白色，无斑纹。卵粒呈圆形，交错排列在近透明的圆筒状卵胶袋内。卵胶袋成对，具韧性，表面有细纵纹，自然弯曲，呈圆圈或弧形。

生态习性 栖息于海拔700m以下植被较繁茂的丘陵山区。成鲵常见于潮湿的泥土、石块或腐叶下，繁殖多在12月至翌年2月。卵产在水池（坑）或小水库边缘。以蚯蚓、蜈蚣、马陆等小型动物为食。

地理分布 见于城东。

保护及濒危等级 国家二级重点保护野生动物；《中国生物多样性红色名录》：濒危（EN）；《IUCN红色名录》：易危（VU）。

2. 东方蝾螈 *Cynops orientalis* (David, 1873)

蝾螈科Salamandridae

识别特征 体型较小，体长59~94mm。头部扁平，头长明显大于头宽。吻端钝圆，吻棱较明显，鼻孔近吻端。犁骨齿列呈∧形。躯干呈圆柱状，无肋沟。头背面两侧无棱，体背面中央脊棱弱。尾侧扁，背、腹尾鳍褶较平直；尾末端钝圆，背、腹尾鳍褶稍高。腹面橘红色或朱红色，其上有黑斑点。肛前半部和尾下缘橘红色；肛后半部黑色或边缘黑色。体背面满布痣粒及细沟纹，胸、腹部光滑。

生态习性 生活于海拔700m以下的山区中有水草的静水塘、泉水潭和稻田及其附近。多在4—7月繁殖。主要捕食蚊蝇幼虫、蚯蚓及其他水生小动物。

地理分布 见于太平。

保护及濒危等级 浙江省重点保护野生动物；《中国生物多样性红色名录》：近危（NT）；《IUCN红色名录》：无危（LC）。

3. 秉志肥螈 *Pachytriton granulosus* Chang, 1933　　　蝾螈科 Salamandridae

识别特征　体肥壮，体长 115~178mm。头扁平，长大于宽。吻部较长，吻端圆。犁骨齿列呈∧形。躯干圆柱状，皮肤光滑、无疣，背、腹略扁平，背脊棱不隆起且略具纵沟。四肢粗短。背面及两侧褐色或黄褐色，无黑色斑点，背侧常有橘红色斑点。头、体腹面橘红色，有少数褐色短纹或虫蠹状斑纹。四肢、肛孔和尾下缘橘红色，满布褐黑色小圆斑。

生态习性　生活于海拔 700m 以下水流较为平缓的多砂石质、清凉的山溪内。成体以水栖为主，白天常匍匐于水底石块上或隐于石下，夜晚多在水底爬行。主要捕食水生昆虫、螺类、虾、蟹等小动物。

地理分布　见于大溪、太平。

保护及濒危等级　浙江省重点保护野生动物；《中国生物多样性红色名录》：近危（NT）；《IUCN红色名录》：无危（LC）。

4. 中国瘰螈 *Paramesotriton chinensis* (Gray, 1859)　　　蝾螈科 Salamandridae

识别特征　体长 126~151mm。头扁平，长大于宽。吻端平截，鼻孔位于吻端两侧。瞳孔椭圆形。犁骨齿列呈∧形。躯干呈圆柱状，肋沟无，背脊棱很明显。前肢长，贴体向前时，指末端达或超过眼前角。指、趾均无缘膜，略平扁，无蹼。雄螈尾侧无斑，全身褐黑色或黄褐色，体背脊棱和体侧疣粒棕红色，有的体侧或四肢上有黄色圆斑，体腹面橘黄色斑的深浅和形状不一。头、体背面满布细小瘰疣，尾后部无疣。

生态习性　常见于丘陵、山地，成体陆栖生活。繁殖季节生活于海拔 700m 以下丘陵山区宽阔、多砂石、水流较为缓慢的溪流中。白天成螈隐藏于水底石间或腐叶下，有时游到水面呼吸空气。阴雨天气常在草丛中捕食昆虫、蚯蚓、螺类及其他小动物，主要以螺类为食。

地理分布　见于大溪。

保护及濒危等级　国家二级重点保护野生动物；《中国生物多样性红色名录》：近危（NT）；《IUCN红色名录》：无危（LC）。

二、无尾目 ANURAN

5. 淡肩角蟾 *Megophrys boettgeri* Boulenger, 1899 角蟾科 Megophryidae

识别特征 体长 35~47mm。头扁平，长与宽几乎相等。背面皮肤较粗糙或光滑；头及体背部有小刺疣；体侧有大疣；腹面光滑。腋腺位于胸侧，有股后腺。背部多为灰棕色，有黑褐色斑；两眼间及头后黑褐色，向后

延伸到背中部形成 1 条宽带纹；肩上方有圆形或半圆形浅棕色斑；四肢有深浅相间的横纹；腹面灰紫色；咽喉部有 1 个黑褐色纵斑；腹部无斑或有少许碎斑。雄蟾第 1 指具深棕色婚刺，具单咽下外声囊。

生态习性 生活于海拔 700m 以下的山区溪流附近。夜间常在灌木叶片、枯竹竿或沟边石上。以鳞翅目、鞘翅目、膜翅目昆虫及其他小动物为食。蝌蚪生活于水质清凉的溪流中，常活动于缓流处的石块间或石块下。

地理分布 见于大溪。

保护及濒危等级 《中国生物多样性红色名录》：无危（LC）；《IUCN红色名录》：无危（LC）。

6. 中华蟾蜍 *Bufo gargarizans* Cantor, 1842 蟾蜍科 Bufonidae

识别特征 体长 62~121mm。头宽大于头长；吻棱上有疣；上眼睑内侧有 3~4 枚较大的疣粒。全身腹面满布疣粒；胫部瘰粒大。体背面颜色有变异，多为橄榄黄色或灰棕色，有不规则的深色斑纹；背脊有 1 条蓝灰色宽纵纹，其两侧有深棕黑色纹；肩部和体侧、股后常有棕红色斑；腹面灰黄色或浅黄色，有深褐色云状斑；咽喉部斑纹少或无；后腹部有 1 个大黑斑。

生态习性 生活于多种生态环境中。除繁殖期栖息于水中外，多在陆地草丛、山坡石下或土穴等潮湿环境中栖息。食性较广，以昆虫、蜗牛、蚯蚓及其他小动物为主。

地理分布 见于滨海、泽国、新河、大溪、横峰、箬横、松门。

保护及濒危等级 《中国生物多样性红色名录》：无危（LC）；《IUCN红色名录》：无危（LC）。

7. 黑眶蟾蜍 *Duttaphrynus melanostictus* (Schneider, 1799) 　　蟾蜍科 Bufonidae

识别特征　体长 64~110mm。鼓膜大且显著；吻棱及上眼睑内侧黑色骨质棱强；鼓膜的上前缘有黑色骨质棱；无顶棱。体背具角质疣粒。耳后腺小，不紧接眼后。雄蟾具内声囊，内侧 3 指具棕黑色婚刺。

生态习性　栖息于多种生态环境中。非繁殖期营陆栖生活。常在草丛、石堆、耕地、水塘边及住宅附近活动。食性较广，以昆虫、蜗牛、蚯蚓及其他小动物为主。

地理分布　见于大溪、泽国、新河、温峤、横峰、城东、箬横、城西、太平、城南、石桥头、坞根、石塘。

保护及濒危等级　《中国生物多样性红色名录》：无危（LC）；《IUCN红色名录》：无危（LC）。

8. 中国雨蛙 *Hyla chinensis* Günther, 1858 　　雨蛙科 Hylidae

识别特征　体长 29~38mm。背面绿色或草绿色，体侧及腹面浅黄色。由吻端至颞褶达肩部有 1 条清晰的深棕色细线纹，在眼后鼓膜下方又有 1 条棕色细线纹，在肩部会合成三角形斑。体侧和股前后有数量不等的黑斑。跗足部棕色。背面皮肤光滑，无疣粒。腹面密布颗粒疣，咽喉部光滑。

生态习性　生活于海拔 700m 以下的低山区。白天隐蔽在灌木丛、芦苇、美人蕉及高秆作物上，夜晚于植物叶片上鸣叫。捕食蝽象、金龟子、象鼻虫、蚁类等小动物。

地理分布　见于大溪。

保护及濒危等级　浙江省重点保护野生动物；《中国生物多样性红色名录》：无危（LC）；《IUCN红色名录》：无危（LC）。

9. 小弧斑姬蛙 *Microhyla heymonsi* Vogt, 1911　　　　姬蛙科 Microhylidae

识别特征　体小，体长 8~23mm。头三角形，吻棱明显，无犁骨齿。从眼后至胯部有明显的斜向肤棱，股基部腹面有较大的痣粒。在背部脊线上有 1 对或 2 对黑色弧形斑，体两侧有纵向深色纹，腹面肉白色，咽部和四肢腹面有褐色斑纹。指、趾端有小吸盘。雄蛙具单咽下外声囊。

生态习性　常栖息于海拔 700m 以下的稻田中、水坑边、土穴内或草丛中。

地理分布　见于大溪、泽国、温峤、太平、石桥头、箬横、坞根。主要捕食蚁类和鞘翅目的小型昆虫（如叶甲、隐翅虫）等。

保护及濒危等级　《中国生物多样性红色名录》：无危（LC）；《IUCN红色名录》：无危（LC）。

10. 饰纹姬蛙 *Microhyla fissipes* Boulenger, 1884　　　　姬蛙科 Microhylidae

识别特征　体型小，体长 8~24mm。整个身体背面观略呈三角形。无犁骨齿，鼓膜不明显。背面具小疣粒。趾间具蹼迹；指、趾末端圆，无吸盘及纵沟。背部有 2 个前后相连的深棕色 ∧ 形斑，或者在第 1 个 ∧ 形斑后面有 1 个 ∧ 形斑。雄蛙具单咽下外声囊。

生态习性　栖息于海拔 700m 以下的山地泥窝或土穴内，水域附近的草丛、水田中。

地理分布　见于大溪、滨海、泽国、新河、横峰、城北、城东、箬横、松门、城南、石桥头、石塘。

保护及濒危等级　《中国生物多样性红色名录》：无危（LC）；《IUCN红色名录》：无危（LC）。

11. 泽陆蛙 *Fejervarya multistriata* (Hallowell, 1860)　　　叉舌蛙科 Dicroglossidae

识别特征　体长 33~50mm。鼓膜大且清晰。指、趾端尖，不膨大；趾间半蹼。皮肤粗糙，体背满布长短不一的纵肤褶和疣粒。无背侧褶，颞褶明显。下颌无明显齿状凸起。第 5 趾无缘膜或极不明显；有外跖突。上、下唇缘有深色纹。体色多变，背部常有浅色脊线。雄蛙具单咽下外声囊。

生态习性　栖息于海拔 700m 以下的水田、水塘、水沟等静水水域中或其附近的旱地草丛中。

地理分布　见于温岭各乡镇（街道）。

保护及濒危等级　《中国生物多样性红色名录》：无危（LC）；《IUCN 红色名录》：数据缺乏（DD）。

12. 虎纹蛙 *Hoplobatrachus chinensis* (Osbeck, 1765)　　　叉舌蛙科 Dicroglossidae

识别特征　体型较大，体长 66~121mm。四肢较短，横纹明显。指间无蹼，趾间全蹼。背面多为黄绿色或灰棕色。体和四肢腹面肉色，咽、胸部有棕色斑，胸后和腹部略带浅蓝色。体背面粗糙，背部有长短不一、多断续排列成纵行的肤棱，其间散有小疣粒，胫部纵向肤棱明显。头侧、手、足背面和体腹面光滑。雄蛙有 1 对咽侧外声囊。

生态习性　生活于海拔 700m 以下的平原、丘陵地带的稻田、鱼塘、水坑和沟渠内。繁殖期为 4—8 月。白天隐匿于水域岸边的洞穴内。夜间外出活动，成蛙捕食各种昆虫，也捕食蝌蚪、幼蛙及小鱼等。

地理分布　见于滨海、泽国、大溪、新河、横峰、箬横、石桥头。

保护及濒危等级　国家二级重点保护野生动物；《中国生物多样性红色名录》：濒危（EN）；《IUCN 红色名录》：无危（LC）。

13. 福建大头蛙 *Limnonectes fujianensis* Ye and Fei, 1994　　　叉舌蛙科 Dicroglossidae

识别特征　体长 43~61mm。雄性成体头大，枕部凸起；雌蛙头较雄蛙小，枕部较低平。吻钝尖，吻棱不显。雄蛙无声囊。前肢短，指间无蹼，指端球状。后肢短、粗壮，趾间约为半蹼。背部肩上方有 1 对∧形深色斑，两眼间有镶浅色边的深色横纹。上、下唇缘有黑纵纹。体侧及胯部有浅色花斑。四肢上黑色横纹清晰，腿后部灰棕色或有浅色细纹，手、足腹面浅棕色，喉部有许多棕色纹。背面皮肤较为粗糙，小圆疣或短褶多且明显。腹面皮肤光滑。

生态习性　常栖息于路旁和田间排水沟的小水塘内，或山林中宽约 1m、水深 10~15cm 的多砂石的水塘内。成体常隐蔽于岸边，受惊后跃入水中，行动较迟钝，跳跃力不强。

地理分布　见于大溪。

保护及濒危等级　《中国生物多样性红色名录》：近危（NT）；《IUCN 红色名录》：无危（LC）。

14. 棘胸蛙 *Quasipaa spinosa* (David, 1875)　　　叉舌蛙科 Dicroglossidae

识别特征　体长 106~153mm。体肥硕，头宽大于头长，吻端圆。鼓膜隐约可见。舌卵圆形，后端缺刻深。雄蛙前臂很粗壮，内侧 3 指有黑色婚刺。胸部疣粒小而密，疣上有黑刺 1 枚。指、趾端球状，趾间全蹼。皮肤较粗糙，长、短疣断续排列成行，其间有小圆疣，疣上一般有黑刺。雄蛙胸部满布肉质疣，向前可达咽喉部，向后止于腹前部；具单咽下内声囊。

生态习性　生活于林木繁茂的山溪中。白天多隐藏在石穴或土洞中，夜间多蹲在岩石上。捕食多种昆虫、溪蟹、蜈蚣、小蛙等。

地理分布　见于新河、太平。

保护及濒危等级　浙江省重点保护野生动物；《中国生物多样性红色名录》：易危（VU）；《IUCN 红色名录》：易危（VU）。

15. 武夷湍蛙 *Amolops wuyiensis* (Liu and Hu, 1975) 蛙科 Ranidae

识别特征 体长 39~50mm，中等大小。吻棱清晰。无犁骨齿。趾间满蹼，第 5 趾游离侧具缘膜。体背散布不规则的黑棕色大斑块，腹面白色，咽喉部有灰黑色云状斑。背面皮肤具粗糙颗粒，体侧有脓包状疣粒。无背侧褶。四肢有深色横纹。指端具吸盘和横沟。雄蛙第 1 指婚垫发达，具棕黑色婚刺；具 1 对咽下内声囊。

生态习性 栖息于较宽的两岸乔木、灌木和杂草茂密的溪流中及其附近。蝌蚪靠口后的大吸盘在石块上缓缓移动，取食石块上的藻类。蝌蚪有群集性。

地理分布 见于大溪。

保护及濒危等级 《中国生物多样性红色名录》：无危（LC）；《IUCN红色名录》：无危（LC）。

16. 弹琴蛙 *Nidirana adenopleura* (Boulenger, 1909) 蛙科 Ranidae

识别特征 体长 47~58mm。体中等大小。鼓膜大。具背侧褶，有扁平肩上腺体，体侧小疣明显。指端略膨大，有腹侧沟；趾端有吸盘和腹侧沟。趾间具半蹼。第 2、3 指内、外侧缘膜明显，第 4 趾外侧蹼几乎达到第 2 关节下瘤。腹面灰白色，四肢有深色横纹。雄蛙有肩上腺，第 1 指基部和掌骨部位背、腹面有白刺，具 1 对咽下外声囊。

生态习性 常栖息于海拔 700m 以下的水田、水草地、水塘及其附近，在溪边也有。

地理分布 见于大溪。

保护及濒危等级 《中国生物多样性红色名录》：无危（LC）；《IUCN红色名录》：无危（LC）。

17. 沼水蛙 *Hylarana guentheri* (Boulenger, 1882)　　　　蛙科 Ranidae

识别特征　体较大，体长约 72mm。头部较扁平，吻长、略尖。眼大。鼓膜圆且明显。背面为淡棕色或灰棕色，背侧褶发达。鼓膜后沿颌腺上方有一斜向的细黑纹，鼓膜周围有一淡黄色小圈。颌腺淡黄色，体侧有不规则黑斑。雄蛙第 1 指内侧婚垫不明显，有 1 对咽侧下外声囊。

生态习性　栖息于海拔 700m 以下的平原、丘陵。常隐蔽在水生植物丛、土洞或杂草丛中。食物以昆虫为主，还食蚯蚓、田螺及幼蛙等。

地理分布　见于温岭各乡镇（街道）。

保护及濒危等级　浙江省重点保护野生动物；《中国生物多样性红色名录》：近危（NT）；《IUCN红色名录》：无危（LC）。

18. 阔褶水蛙 *Hylarana latouchii* (Boulenger, 1899)　　　　蛙科 Ranidae

识别特征　体长 36~53mm。皮肤粗糙。背侧褶宽厚，其宽度大于或等于上眼睑宽，褶间距窄；颌腺甚明显。趾端略膨大，末端具横沟。胫部有纵肤棱。体背面棕色、棕红色或棕黄色，四肢有深棕色横纹。雄蛙第 1 指内侧有浅色婚垫，具 1 对咽侧内声囊。

生态习性　分布于海拔 700m 以下的水田、水池、水沟附近及石子路的路边，很少栖息在山溪中。

地理分布　见于泽国、大溪、新河、城东、箬横。

保护及濒危等级　《中国生物多样性红色名录》：无危（LC）；《IUCN红色名录》：无危（LC）。

19. 天目臭蛙 *Odorrana tianmuii* Chen, Zhou, and Zheng, 2010　　　蛙科 Ranidae

识别特征　体长 48~89mm。头扁平，头长大于头宽。指端尖，趾吸盘同指吸盘，趾间全蹼。体背面颜色变异大，多为鲜绿色，具有赤褐色斑点。体侧面灰褐色、赤褐色或绿色，并散有黑斑。四肢具不清晰的深褐色或黑褐色横纹。体腹面白色。皮肤光滑或有小疣，无背侧褶。雄蛙第 1 指具乳白色婚垫，有 1 对咽侧下外声囊。

生态习性　生活于海拔 200~800m 丘陵山区的阴湿开阔溪流中。成蛙栖息于溪边的石块或岩壁上、岩缝或溪边的灌丛中。

地理分布　见于大溪、温峤、城南。

保护及濒危等级　浙江省重点保护野生动物；《中国生物多样性红色名录》：无危（LC）；《IUCN红色名录》：未予评估（NE）。

20. 小竹叶蛙 *Odorrana exiliversabilis* Li, Ye, and Fei, 2001　　　蛙科 Ranidae

识别特征　体长 42~62mm。头部扁平，头长略大于头宽。吻端钝圆，吻棱明显。后肢长，趾间全蹼，蹼缘凹陷较深。体背面颜色变异较大，多为橄榄褐色、浅棕色、铅灰色或绿色。体侧面疣粒上有浅黄色斑。四肢背面横纹黑褐色，股后浅黄色与黑褐色交织成网状纹。体和四肢背面皮肤光滑。背侧褶细窄。雄蛙第 1 指基部婚垫乳黄色，有 1 对咽侧下内声囊，前臂较雌蛙略粗壮。

生态习性　生活于海拔 600m 以上的森林茂密的山区。成蛙多栖息于山溪中。蝌蚪常隐匿于落叶层中或石下。

地理分布　见于城南。

保护及濒危等级　《中国生物多样性红色名录》：近危（NT）；《IUCN红色名录》：无危（LC）。

21.黑斑侧褶蛙 *Pelophylax nigromaculatus* (Hallowell, 1860)　　　　蛙科 Ranidae

识别特征　体长 62~74mm。头长大于头宽。吻部略尖，吻端钝圆。眼大且凸出。鼓膜大且明显，近圆形。指、趾末端尖，趾间蹼缺刻深。体背面颜色多样，有淡绿色、黄绿色、深绿色、灰褐色等，杂有许多大小不一的黑色斑纹。背侧褶明显，金黄色、浅棕色或黄绿色。雄蛙第 1 指内侧婚垫浅灰色，有 1 对颈侧外声囊。

生态习性　广泛生活于平原或丘陵的水田、池塘、湖沼区及海拔 700m 以下的山地。捕虫能力强，食量大，食性较广，是有益蛙类。以昆虫为主食，还捕食蚯蚓、蜘蛛及小型蛙类等。

地理分布　见于大溪、泽国、新河、滨海、箬横、城东、松门、城南、石桥头、石塘。

保护及濒危等级　《中国生物多样性红色名录》：近危（NT）；《IUCN红色名录》：近危（NT）。

22.金线侧褶蛙 *Pelophylax plancyi* (Lataste, 1880)　　　　蛙科 Ranidae

识别特征　体长 26~59mm。头略扁；吻端钝圆，吻棱略显；鼻孔位于吻、眼之间；眼间距窄；犁骨齿两小团。前肢较短；关节下瘤小且明显，掌突明显或略显。后肢较粗短；趾间几乎满蹼。背面皮肤光滑，仅在体背后部有小疣粒；体侧疣粒明显。背侧褶宽且明显，直达胯部，鼓膜上方的褶较窄，其后逐渐宽厚。腹面淡黄色，咽、胸部及胯部金黄色。

生态习性　多栖息于海拔 50~200m 稻田内的池塘，在藕塘也常能见到。主要以昆虫为食，还捕食蚯蚓、鱼苗及小型蛙类等。

地理分布　见于大溪、箬横。

保护及濒危等级　《中国生物多样性红色名录》：近危（NT）；《IUCN红色名录》：无危（LC）。

23. 镇海林蛙 *Rana zhenhaiensis* Ye, Fei, and Matsui, 1995　　　蛙科 Ranidae

识别特征　体中等大小。头长大于头宽。吻棱较钝。颊部略向外倾斜，有一浅凹陷。鼓膜圆形。犁骨齿呈两短斜行。皮肤较光滑。背侧褶在鼓膜上方略弯。颌部有黑色三角斑。趾端无横沟。雄蛙背面一般为橄榄棕色、棕灰色或棕褐色，有的呈绿灰色或灰黄色；在产卵季节雌蛙体背一般为红棕色或棕黄色，以后逐渐接近雄蛙的颜色。雄蛙第 1 指婚垫灰色或灰棕色，上面有细密的白色刺粒，在基部腹面分为不明显的 2 团；无声囊。

生态习性　栖息于海拔 700m 以下的山地、林间溪边草丛、灌丛中。繁殖期 12 月至翌年 4 月，常产卵在有草本植物的静水水域中。

地理分布　见于大溪、温峤、箬横。

保护及濒危等级　《中国生物多样性红色名录》：无危（LC）；《IUCN 红色名录》：无危（LC）。

24. 布氏泛树蛙 *Polypedates braueri* (Vogt, 1911)　　　树蛙科 Rhacophoridae

识别特征　体长 48mm~64mm。头宽几与身体等宽。颌褶明显。吻前端钝。鼓膜大且明显。指间无蹼，指侧均有缘膜，指、趾端均具吸盘和边缘沟，指吸盘大于趾吸盘。后肢细长，前伸贴体时胫跗达关节眼与鼻孔之间，左、右跟部重叠。体背皮肤光滑，疣粒细小，但腹部及四肢腹侧皮肤较为粗糙。雄蛙第 1 指和第 2 指有乳白色婚垫，具咽侧下内声囊。

生态习性　生活于海拔 80~700m 的丘陵和山地，常栖息在稻田、草丛或泥窝内，或在田埂石缝及附近的灌木、草丛中。

地理分布　见于温岭各乡镇（街道）。

保护及濒危等级　浙江省重点保护野生动物；《中国生物多样性红色名录》：无危（LC）；《IUCN 红色名录》：数据缺乏（DD）。

三、龟鳖目 TESTUDINES

25. 中华鳖 *Pelodiscus sinensis* (Wiegmann, 1835)　　　　鳖科 Trionychidae

识别特征　体中等大，背盘长 192~345mm。吻长，形成肉质吻突。鼻孔位于吻突端。眼小，瞳孔圆形。颈长，颈背有横向皱褶，无显著瘰粒。背盘卵圆形，后缘圆，其上无角质盾片，被柔软的革质皮肤。四肢较扁，指、趾均具 3 爪，满蹼。体背青灰色、黄橄榄色或橄榄色。体腹乳白色或灰白色，有排列规则的灰黑色斑块。尾短，雄鳖尾露出裙边，雌鳖不能自然伸出裙边。

生态习性　栖息于江河、湖沼、池塘、水库等水流平缓、鱼虾繁盛的淡水水域。以鱼、虾、水生昆虫为食。每年 4—8 月为繁殖期。

地理分布　见于城东。

保护及濒危等级　《中国生物多样性红色名录》：濒危（EN）；《IUCN 红色名录》：易危（VU）。

26. 乌龟 *Mauremys reevesii* (Gray, 1831)　　　　地龟科 Geoemydidae

识别特征　体中等大小。吻短。背甲较平扁，长 73~170mm，有 3 条纵棱。背甲盾片常有分裂或畸形，致使盾片数超过正常数目。腹甲平坦，几与背甲等长。四肢略扁平，前臂及掌跖部有横列大鳞。指、趾间均全蹼，具爪，尾较短小。背甲棕褐色，雄性几近黑色。腹甲及甲桥棕黄色，雄性色深。头部橄榄色或黑褐色。头侧及咽喉部有暗色镶边的黄纹及黄斑，并向后延伸至颈部，雄性不明显。

生态习性　常栖于江河，湖沼或池塘中。捕食蠕虫、螺类、虾及小鱼等动物，也摄食植物茎叶及粮食等。

地理分布　见于箬横。

保护及濒危等级　国家二级重点保护野生动物；《中国生物多样性红色名录》：濒危（EN）；《IUCN红色名录》：濒危（EN）。

四、有鳞目SQUAMATA

27. 铅山壁虎 *Gekko hokouensis* Pope, 1928　　　壁虎科 Gekkonidae

识别特征　头体长 50~65mm，尾长 52~79mm。头宽扁；眼大而圆，无眼睑。头及体背部均被粒鳞，吻部粒鳞较大；体背散有扁圆锥状疣鳞，疣鳞明显大于粒鳞。指、趾扩展，下方具单行攀瓣；指、趾间具蹼迹。雄性肛前孔 5~9 个。尾稍侧扁，尾基每侧有肛疣 1 个；尾背面被覆瓦状小鳞片，每 6~8 行成 1 节；尾腹面覆瓦状鳞较大，中央 1 列鳞片明显横向扩大。

生态习性　栖息于海拔 700m 以下的石砌建筑物的缝隙及洞中、野外砖石下及草堆内。卵生。

地理分布　见于大溪、温峤、城东、松门、石塘。

保护及濒危等级　《中国生物多样性红色名录》：无危（LC）；《IUCN红色名录》：无危（LC）。

28. 多疣壁虎 *Gekko japonicus* (Schlegel, 1836)　　　壁虎科 Gekkonidae

识别特征　体型中等。头、体扁平，头体长 35~68mm，尾长 28~74mm。吻斜扁，除吻鼻部鳞稍大外，其余均为粒鳞。鼓膜深陷。鼻孔位于吻端。上、下颌有细齿。颏鳞 1 对，五边形。体背和四肢均覆以粒鳞，杂以近圆锥状排列不规则的疣鳞，背前及枕部疣鳞较多。喉部被小粒鳞。腹鳞圆、大，呈覆瓦状排列。四肢中长，各具 5 趾，除蹰趾外均具爪。尾细长、稍扁平，尾背鳞呈整齐的环状排列，尾腹面中央有1列宽大鳞片；尾基部宽厚，两侧各有 3 枚隆起的肛疣。

生态习性　常栖息在建筑物的缝隙中，野外岩缝中、石下、树上及柴草堆内亦有发现。繁殖期5—7月。

地理分布　历史资料记载。

保护及濒危等级　《中国生物多样性红色名录》：无危（LC）；《IUCN红色名录》：无危（LC）。

29. 蹼趾壁虎 *Gekko subpalmatus* (Günther, 1864)　壁虎科 Gekkonidae

识别特征　头体长 34~73mm，尾长 33~71mm。头呈三角形。吻鳞长方形，宽约为高的 2 倍。鼓膜不显。额鳞五角形，颏片呈弧形排列，内侧 1 对较大，六角形，长大于宽。体背被 1 粒鳞。雄性具肛前孔 5~11 个。四肢背面被小粒鳞，腹面被瓦状鳞。趾间具微蹼。趾攀瓣单行。尾稍侧扁，尾基每侧有肛疣 1 个。体背面灰色或深棕色；从眼前经眼至耳孔有 1 条褐色纵纹；头顶部布满褐色斑点；背脊有 6 个深灰色斑块。体腹面肉色，腹侧散有许多深棕色斑点。四肢背面有棕色与深灰色相间的横斑。尾背横斑 7~9 条。

生态习性　常栖息在建筑物的缝隙中，野外岩缝中、石下、树上及柴草堆内亦有发现。

地理分布　见于城南。

保护及濒危等级　《中国生物多样性红色名录》：无危（LC）；《IUCN红色名录》：无危（LC）。

30. 铜蜓蜥 *Sphenomorphus indicus* (Gray, 1853)　石龙子科 Scincidae

识别特征　头顶被大型对称鳞，下眼睑被鳞，无上鼻鳞和后鼻鳞，额鼻鳞与额鳞相接，前额鳞一般不相接，眶上鳞 4 枚，肛前鳞中央 2 枚显著大于两侧的。第 4 趾趾下瓣 16~22 枚，趾背鳞 2 行。无股窝或鼠蹊窝，无肛前孔。体背面古铜色；体两侧各有 1 条黑色纵带，其上有 1 条不连续的浅线纹；体腹面白色。

生态习性　栖息于海拔 700m 以下的常绿阔叶林。常白天活动，陆栖。卵胎生。

地理分布　见于大溪、城东、城南。

保护及濒危等级　《中国生物多样性红色名录》：无危（LC）；《IUCN红色名录》：无危（LC）。

31. 中国石龙子 *Plestiodon chinensis* (Gray, 1838) 石龙子科 Scincidae

识别特征 有上鼻鳞，无后鼻鳞；后颏鳞 2 枚；额鳞与前 2 枚眶上鳞相接；环体鳞 24 行，少数 22 行或 26 行。幼体体背黑色，具 3 条浅黄色纵线，其中 1 条不分叉，起于顶尖鳞，2 条起于最后 1 枚眶上鳞；体侧散布浅色斑点；尾浅蓝色。成体浅纹线不明显，斑点和蓝色消失，颈侧和体侧有红棕色或橘红色斑块，腹面乳白色或黄色。

生态习性 栖息于低海拔地区的树下落叶杂草、灌木林、住宅附近道路边草丛中等。日行性陆栖动物。卵生。

地理分布 见于箬横。

保护及濒危等级 《中国生物多样性红色名录》：无危（LC）；《IUCN红色名录》：无危（LC）。

32. 蓝尾石龙子 *Plestiodon elegans* (Boulenger, 1887) 石龙子科 Scincidae

识别特征 有上鼻鳞，无后鼻鳞，后颏鳞 1 枚，颈鳞 1 对，股后有 1 团大鳞，额前鳞前部与 3 枚眶上鳞相接，环体中段鳞 26~28 行。幼体和亚成体体背黑色，背具 5 条黄色纵纹。尾蓝色。成体体背橄榄色，褐色侧纵纹显著，尾蓝色减少甚至消失。

生态习性 栖息于海拔 700m 以下的森林地面，常见于落叶堆中和山溪附近区域。日行性陆栖动物。卵生。

地理分布 见于大溪。

保护及濒危等级 《中国生物多样性红色名录》：无危（LC）；《IUCN红色名录》：无危（LC）。

33.宁波滑蜥 *Scincella modesta* (Günther, 1864)　　　　石龙子科Scincidae

识别特征　体细长，头小，吻短、钝、圆。体长95~116mm。上唇鳞7枚，偶为6枚。第4趾趾下瓣12~16枚，腹中线上1行鳞片60~72枚。无上鼻鳞，有1枚额鼻鳞。体背古铜色，散布黑色鳞片，黑色鳞片间隙大，呈不规则、不连续排列。体侧黑纹自吻端始，经眼沿体侧向后，过前、后肢基部上方，向后一直延伸到尾末端。体腹有十分稀疏的黑色斑点。尾部腹面略显灰色，基部黑色斑点大且稀疏，末端黑色斑点较密；肛前鳞1对较大；尾正中的1行鳞片横向扩大。

生态习性　活动于附近有石头的草丛中及落叶中。主要捕食蚯蚓、蜘蛛及昆虫等小型动物。

地理分布　见于大溪。

保护及濒危等级　浙江省重点保护野生动物；《中国生物多样性红色名录》：无危（LC）；《IUCN红色名录》：无危（LC）。

34.北草蜥 *Takydromus septentrionalis* Günther, 1864　　　蜥蜴科Lacertidae

识别特征　尾长为头体长的2~3倍及以上。头顶被大型对称鳞，颏片3对。起棱大鳞背部6行，腹部8行；鼠蹊孔1对。背面绿色或棕绿色，腹面白色或灰棕色。雄性背鳞外侧有1条顶鳞后缘至尾部的绿色纵纹，体侧有不规则深色斑。

生态习性　栖息于海拔700m以下的山地灌丛中、草丛中、林间落叶中、山路边。日行性陆栖动物。捕食昆虫。卵生。

地理分布　见于大溪、城南、石塘。

保护及濒危等级　《中国生物多样性红色名录》：无危（LC）；《IUCN红色名录》：无危（LC）。

35.黑脊蛇 *Achalinus spinalis* Peters, 1869 闪皮蛇科 Xenodermidae

识别特征 体长约 500mm。体呈圆柱形。头较小，与颈区分不明显。吻鳞小，近三角形，高小于宽，从背面仅能见其上缘。头背近黑色，体背棕褐色。背正中有 1 条宽的深黑色纵线纹，从顶鳞后缘向后延伸至尾末端。腹面色浅。雄性个体细长，下唇鳞及颔片有疣粒。

生态习性 栖息于丘陵、山地林下，穴居。捕食蚯蚓。卵生。

地理分布 见于城东。

保护及濒危等级 《中国生物多样性红色名录》：无危（LC）；《IUCN红色名录》：无危（LC）。

36.平鳞钝头蛇 *Pareas boulengeri* (Angel, 1920) 钝头蛇科 Pareidae

识别特征 体长 450~530mm。头与颈易区分，体略侧扁。上唇鳞 7 枚或 8 枚；无眶前鳞，眶后鳞 1 枚，或与眶下鳞相连，眶上鳞狭长；颊鳞 1 枚，入眶；颞鳞 2+3 枚或 2+2 枚；前额鳞入眶。背鳞光滑。体背面黄褐色，散有大小不一的黑斑，自眶上鳞向后各有 1 条黑纹，至颈部左右合成 1 段较粗的黑纹。体腹面灰白色。

生态习性 生活于山区。捕食蛞蝓、蜗牛等。

地理分布 见于城南。

保护及濒危等级 《中国生物多样性红色名录》：无 危（LC）；《IUCN红色名录》：无危（LC）。

37.白头蝰 *Azemiops kharini* Orlov, Ryabov, and Nguyen, 2013　　　蝰科 Viperidae

识别特征　管牙类剧毒蛇。体圆筒形，体长 500~980mm，略扁平。尾短。头较大，近梯形，与颈部区分明显。吻端钝圆。眼较小。体背面紫棕色至棕黑色，有镶黑边的红色窄横纹 26~38 条，成对交互排列或在体背中央相连。头背浅棕白色。吻部略带粉红色。头顶中央有 1 块浅色纵斑，其两侧具有浅褐色条形斑块。头腹面浅棕色，杂以白色或灰白色斑纹。腹面藕褐色，前端有棕色斑。

生态习性　生活于山地及丘陵地带，晨昏时活动最为频繁，栖息于草地、路旁、碎石滩、农田等多种生境，有时出现在居民住宅附近。分布海拔 100~700m。主要以小型啮齿类和食虫动物为食。

地理分布　见于太平。

保护及濒危等级　浙江省重点保护野生动物；《中国生物多样性红色名录》：易危（VU）；《IUCN红色名录》：无危（LC）。

38.原矛头蝮 *Protobothrops mucrosquamatus* (Cantor, 1839)　　　蝰科 Viperidae

识别特征　管牙类剧毒蛇。头呈三角形，与颈区分明显。有颊窝。头、背均具小鳞片，后部鳞有钝棱；上唇鳞第 2 枚高，入颊窝，第 3 枚最大。头顶有 V 形背侧暗纹，眼后到颈侧有 1 条暗褐色纵纹。体棕黄色或红棕色，背脊有 1 行粗大的波浪状暗紫色斑，两肋有小的深色斑。腹面发白，散布浅棕色近方形斑块。

生态习性　栖息于海拔 700m 以下的山地森林近溪流环境。夜行性地栖和树栖蛇类，常见于竹林、矮树、灌丛或林下地面。卵生。

地理分布　历史资料记载。

保护及濒危等级　《中国生物多样性红色名录》：无危（LC）；《IUCN红色名录》：无危（LC）。

39. 尖吻蝮 *Deinagkistrodon acutus* (Günther, 1888)　　　蝰科 Viperidae

识别特征　管牙类剧毒蛇。体粗壮；尾短、细；头大，明显呈三角形，与颈可以明显区分。体长1000~1800mm。吻尖上翘。有颊窝。体背中央具有15~20块灰白色方形大斑。体侧与菱斑交互排列三角状斑。体腹面乳白色，有交互排列的黑色斑块，每一斑块占1~3枚腹鳞。头背面黑褐色，头侧面黄白色，眼后至口角有一黑褐色粗纹，或与头背面的黑褐色相连。头腹面白色，散布黑褐色点斑。

生态习性　生活于山地或丘陵地带，常见于山溪旁阴湿岩石上或落叶间、草丛中，甚至进入住宅内。捕食各种脊椎动物，以蛙类和鼠类为主，也吃鱼、蜥蜴、鸟类等。

地理分布　历史资料记载。

保护及濒危等级　浙江省重点保护野生动物；《中国生物多样性红色名录》：易危（VU）；《IUCN红色名录》：易危（VU）。

40. 福建竹叶青蛇 *Viridovipera stejnegeri* (Schmidt, 1925)　　　蝰科 Viperidae

识别特征　管牙类剧毒蛇。头三角形，与颈区分明显。吻鳞三角形，头背面均具覆瓦状排列的小鳞片，光滑。有颊窝。鼻鳞与第1枚上唇鳞之间有完整的鳞沟，鼻间鳞较小；颊鳞与第1枚上唇鳞不愈合。头、体背面草绿色。尾背面棕红色或焦黄色，腹面浅绿色。从颊窝开始有白色侧线，有的侧线之下有橘红色或红色线。眼睛红色，瞳孔直立、椭圆形。

生态习性　栖息于森林中近溪流环境。夜行性地栖和树栖蛇类，常见于矮树、灌丛、竹林或林下地面，常缠绕在树干或树枝上。卵生。

地理分布　历史资料记载。

保护及濒危等级　《中国生物多样性红色名录》：无危（LC）；《IUCN红色名录》：无危（LC）。

41. 中国水蛇 *Myrrophis chinensis* (Gray, 1842)　　　　　水蛇科 Homalopsidae

识别特征　体粗壮，尾短。蛇体前部呈深灰色或灰棕色，具有大小不一的黑点，排成 3 纵行；背鳞最外行暗灰色，外侧 2~3 行红棕色。腹鳞前半部暗灰色，后半部黄白色；上唇缘为黄白色。头较大，与颈可明显区别。吻端宽钝。鼻孔位于吻背面，左、右鼻鳞彼此相切；鼻间鳞呈菱形，较小，位于左、右鼻鳞之后中央，与颊鳞不相切或偶相遇。前额鳞较小，额鳞窄长，其长度等于它到吻端的距离。背鳞平滑。

生态习性　一般生活于平原、丘陵或山地，栖息于海拔 320m 以下的溪流、池塘、水田或水渠内，常年生活于淡水中，偶尔会离开水面。食性杂，以鱼类、蛙类以及甲壳类动物为主食。

地理分布　见于新河。

保护及濒危等级　《中国生物多样性红色名录》：易危（VU）；《IUCN红色名录》：无危（LC）。

42. 银环蛇 *Bungarus multicinctus* Blyth, 1861　　　　　眼镜蛇科 Elapidae

识别特征　前沟牙类剧毒蛇。体圆筒形。头较小，椭圆形，稍宽于颈，与颈部区别较不明显。吻端钝圆。眼较小，瞳孔圆形。背鳞平滑，通身 15 行，呈六角形。体背具黑白相间排列的宽带纹，白色带纹较窄；腹面黄白色或灰白色，散有黑褐色细点。

生态习性　栖息于平原及丘陵地带多水之处。主要以鳝鱼、泥鳅、鱼类、蛙类、蜥蜴类、其他蛇类及蛇卵、鼠类为食，以捕食鳝鱼和泥鳅最多。卵生。

地理分布　见于大溪、泽国、城北、温峤。

保护及濒危等级　《中国生物多样性红色名录》：易危（VU）；《IUCN红色名录》：无危（LC）。

43. 舟山眼镜蛇 *Naja atra* Cantor, 1842　　　　眼镜蛇科 Elapidae

识别特征　前沟牙类毒蛇。体较粗长，圆筒形。体长 1200mm 左右。头大小适中，卵圆形，与颈部区别较不明显。吻端钝圆。体背暗褐色至黑色，有黄白色细横纹 10~19 条，有单条和双条，较不整齐，有时极不明显，甚至消失。颈背有一黄白色横带，形似眼镜，中央及两端宽，带内有黑色点斑。头腹面至体前段腹面黄白色；颈部腹面有 1 条黑色宽横带，其上方两侧各具 1 个黑色圆点；体中段之后的腹面渐呈灰褐色。

生态习性　分布于海拔 700m 以下的平原、丘陵、山地，居民区附近也常见出现。昼行性。卵生。食性很广，捕食鼠、鸟、蜥蜴、蛙、鱼甚至同类。

地理分布　见于城南、松门。

保护及濒危等级　浙江省重点保护野生动物；《中国生物多样性红色名录》：易危（VU）；《IUCN红色名录》：易危（VU）。

44. 中华珊瑚蛇 *Sinomicrurus macclellandi* (Reinhardt, 1844)　　　眼镜蛇科 Elapidae

识别特征　体细长、圆筒形。体长 500~700mm。头小，椭圆形，与颈部区别不明显。吻端圆钝。体背面棕红色，具平直的黑色横带。横带前后镶以黄白色细纹。两横带中间或有成对小黑点分列于背脊两侧。腹面黄白色，具有左右相接的不规则黑斑。头背黑色，有 2 道黄白色横带，前面 1 道细窄，有时不显，位于吻端后方，后 1 道甚宽阔。

生态习性　生活于山区森林或丘陵，有时藏于地表枯枝落叶下，常于夜间活动。捕食其他蛇类和蜥蜴。卵生。

地理分布　见于城东。

保护及濒危等级　《中国生物多样性红色名录》：近危（NT）；《IUCN红色名录》：无危（LC）。

45. 绞花林蛇 *Boiga kraepelini* Stejneger, 1902 游蛇科 Colubridae

识别特征　后沟牙类毒蛇。体型较大，长而侧扁。尾细长。头大，与颈区分明显。瞳孔直立。无颊窝。头顶有大型对称鳞，颞部鳞小。脊鳞稍扩大，中段背鳞21行。肛鳞多二分，尾下鳞成对。通体背面棕红色，头背有不明显的深色V形斑纹，尾背有粗大的镶黄边的深棕色横斑。体侧有暗色斑。腹面暗白色或黄褐色，有不规则斑纹。

生态习性　栖息于海拔700m以下的灌丛、小型乔木林中，常营树栖生活。多夜间活动。卵生。

地理分布　历史资料记载。

保护及濒危等级　《中国生物多样性红色名录》：无危（LC）；《IUCN红色名录》：无危（LC）。

46. 中国小头蛇 *Oligodon chinensis* (Günther, 1888) 游蛇科 Colubridae

识别特征　小型无毒蛇。头小，与颈区分不明显。瞳孔圆形。眶上鳞单枚，大。颊鳞单枚，少数2枚。眶前鳞单枚，少数2枚或3枚。眶后鳞2枚，少数单枚。上唇鳞6~8枚，下唇鳞7~9枚，通常8枚。背鳞光滑，中段17行。肛鳞单枚，完整。尾下鳞成对。头后和颈背有1个箭头形黑褐色斑纹；颞部有2个圆形深棕色斑；体背和尾背棕色或灰棕色，有约等距的黑褐色宽横纹14~19条。腹鳞两侧有黑褐色近方形斑。

生态习性　栖息于灌丛、草丛和路边埂上。捕食爬行动物卵。卵生。

地理分布　见于大溪。

保护及濒危等级　《中国生物多样性红色名录》：无危（LC）；《IUCN红色名录》：无危（LC）。

47. 翠青蛇 *Cyclophiops major* (Günther, 1858)　　　　游蛇科 Colubridae

识别特征　中等大小的无毒蛇。身体细长。头椭圆形，与颈区分略显。眼大，瞳孔圆形。头背鳞片大，颊鳞单枚，眶前鳞单枚，眶后鳞 2 枚。背鳞通体 15 行。肛鳞二分。尾下鳞成对。全身平滑，有光泽，背亮绿色，幼体有黑色斑点。腹面和上唇鳞下部、下唇鳞浅黄绿色。

生态习性　栖息于海拔 200~700m 溪边丘陵和山地树林荫蔽潮湿的环境中。捕食蚯蚓及昆虫的幼虫。卵生。

地理分布　见于大溪。

保护及濒危等级　《中国生物多样性红色名录》：无危（LC）；《IUCN 红色名录》：无危（LC）。

48. 乌梢蛇 *Ptyas dhumnades* (Cantor, 1842)　　　　游蛇科 Colubridae

识别特征　较大的无毒蛇。体长 1500~2000mm。头中等大，略呈长方形，与颈部区分较明显。吻端平钝。眼大，瞳孔圆形。头及体背橄榄褐色至棕黑色，前段背鳞边缘或后半部色深，形成网状斑纹。体侧有 2 条黑色纵纹，在体前段较为明显。上唇鳞黄白色。腹面前段黄白色至灰黄色，后段渐变为棕黑色或灰黑色。

生态习性　生活于海拔 700m 以下丘陵和平原地带。多在白昼活动，常见于农耕区水域附近。行动敏捷迅速，性情较为温顺。主食蛙类，也吃鱼、蜥蜴、鸟、鼠类。卵生。

地理分布　历史资料记载。

保护及濒危等级　《中国生物多样性红色名录》：易危（VU）；《IUCN 红色名录》：无危（LC）。

49.灰鼠蛇 *Ptyas korros* (Schlegel, 1837) 　游蛇科Colubridae

识别特征　较大的无毒蛇。体长1000~2000mm。头中等大，略呈长方形，与颈部区分较明显，吻端平钝。眼大，瞳孔圆形。头及体背灰褐色至灰黑色，每片背鳞后缘色深，上、下两侧边较浅，相互交织成细网纹，在身体后部更加明显。唇缘及腹面黄白色至浅黄色，近尾部的腹鳞及尾下鳞两侧缘黑色。

生态习性　生活于丘陵和平原地带，昼夜活动。行动敏捷迅速，性情较温顺。捕食蛙、蜥蜴，也食小鸟、鼠类。卵生。

地理分布　历史资料记载。

保护及濒危等级　《中国生物多样性红色名录》：近危（NT）；《IUCN红色名录》：近危（NT）。

50.滑鼠蛇 *Ptyas mucosa* (Linnaeus, 1758) 　游蛇科Colubridae

识别特征　较大的无毒蛇。体长1500~2500mm。头中等大，略呈长方形，与颈部区分较明显。吻端平钝。眼大，瞳孔圆形。头及体背橄榄褐色至黑褐色，每片背鳞边缘或后半部色深，形成不规则黑色横斑，在身体后部更加明显，或相互交织成细网纹。上唇鳞黄白色，后缘灰黑色。腹面黄白色，腹鳞后缘黑色。

生态习性　生活于山地、丘陵和平原地带，多在白昼活动。行动敏捷迅速，性情凶猛，受惊扰时可抬起头并侧扁前半身作攻击状。捕食蛙、蜥蜴、蛇、鸟、鼠类。卵生。

地理分布　历史资料记载。

保护及濒危等级　浙江省重点保护野生动物；《中国生物多样性红色名录》：濒危（EN）；《IUCN红色名录》：无危（LC）。

51. 黄链蛇 *Lycodon flavozonatus* (Pope, 1928)　　游蛇科 Colubridae

识别特征　中等大小的无毒蛇。身体细长。头短，略大，与颈区分不甚明显。瞳孔直立、椭圆形。颊鳞单枚，不入眶。背鳞 17-17-15 行排列，中间几行起弱棱。腹鳞有清晰的侧棱。肛鳞单枚、完整。尾下鳞成对。头黑色，有 ∧ 形黄色斑纹。背面黑褐色，体背和尾背有窄黄色横纹，这些斑纹在体侧分叉，并有黑色斑点。腹面白色，有黑斑。尾下鳞暗色。

生态习性　栖息于海拔 700m 以下的山区森林，常见于溪流、水沟和草丛附近。夜间活动。卵生。

地理分布　历史资料记载。

保护及濒危等级　《中国生物多样性红色名录》：无危（LC）;《IUCN 红色名录》：无危（LC）。

52. 赤链蛇 *Lycodon rufozonatus* Cantor, 1842　　游蛇科 Colubridae

识别特征　中等大小的无毒蛇。头宽扁，平时与颈区分不明显，受惊时区分明显。眼小，瞳孔直立、椭圆形。颊鳞单枚，入眶。背鳞除中间几行有弱棱外均平滑，中部背脊棱 17 行或 19 行。肛鳞完整单枚。尾下鳞成对。头背黑色，头背鳞片后缘红色，枕部有红色 ∧ 形斑；体背具红黑相间横斑纹，红色横斑相对较窄。腹面灰黄色，两侧杂以黑褐色点斑。

生态习性　栖息于海拔 600m 以下的丘陵、山地的田野和村舍附近。夜行性。卵生。

地理分布　见于滨海、大溪、泽国、新河、横峰、箬横。

保护及濒危等级　《中国生物多样性红色名录》：无危（LC）;《IUCN 红色名录》：无危（LC）。

53. 玉斑锦蛇 *Euprepiophis mandarinus* (Cantor, 1842)　游蛇科 Colubridae

识别特征　中等偏大的无毒蛇。体呈圆柱形。体长约1000mm。头呈卵圆形，略扁平，与颈部区分不明显。吻平钝。瞳孔圆形。体背面紫灰色或灰褐色，背中央有1行24~40个约等距排列的大形黑色菱斑，菱斑中心及外缘黄色。体侧除菱斑外的每枚鳞片有一紫红色小斑点。头背部黄色，吻背和两眼之间各有一弧形黑色横带，后者经眼分为前后二叉，延伸至上唇缘。枕部有一倒V形黑斑延伸至口角。腹面灰白色，散有长短不一、交互排列的黑斑。

生态习性　生活于山区森林，常栖息于海拔700m以下居民点附近的水沟边或山上草丛中，住宅旁也常有发现。主要以鼠类等小型兽类为食，也吃蜥蜴。卵生。

地理分布　见于太平。

保护及濒危等级　浙江省重点保护野生动物；《中国生物多样性红色名录》：近危（NT）；《IUCN红色名录》：无危（LC）。

54. 紫灰锦蛇 *Oreocryptophis porphyraceus* (Cantor, 1839)　游蛇科 Colubridae

识别特征　中等大小的无毒蛇。头大，与颈区分明显。瞳孔圆形。体色多变，一般通身背面红褐色或橘红色等。头背有3条黑纵纹，体背有2条黑色线纹，自颈部起有淡黑色横斑块。背鳞平滑，在颈部鳞列不超过19行。上唇、头腹、第1行背鳞（或包括第2行背鳞）及腹鳞呈污白色且无任何斑纹。

生态习性　栖息于海拔200~700m的山区森林中、路旁、山间溪旁。以鼠类等小型哺乳动物为食。卵生。

地理分布　历史资料记载。

保护及濒危等级　《中国生物多样性红色名录》：无危（LC）；《IUCN红色名录》：无危（LC）。

55. 王锦蛇 *Elaphe carinata* (Günther, 1864)　　　　　游蛇科 Colubridae

识别特征　较大的无毒蛇。体长 1500~2500mm。头中等大，卵圆形，与颈部区分略明显。吻端钝圆。体背面黑黄间杂，呈横纹或网纹状，在体前部横纹较明显。头背黄色，各鳞缘明显黑色，鼻间鳞与前额鳞鳞缘形成"王"字样黑纹。腹面黄色，具黑斑。幼蛇体色与成体有显著差异，头、体背茶褐色，枕部有 2 条短黑纵纹，体背前中部具有不规则的黑色短横斑，至体后部逐渐消失，体后部两侧有黑色细纵纹。腹面黄白色。

生态习性　生活于丘陵，山地，平原的河边、库区及田野。栖息于海拔 700m 以下。爬行速度快，行动敏捷，性情较凶猛，善攀缘。昼夜均活动。食性广泛，捕食蛙、蜥蜴、其他蛇类、鸟和鼠类。卵生。

地理分布　见于横峰、箬横。

保护及濒危等级　浙江省重点保护野生动物；《中国生物多样性红色名录》：易危（VU）；《IUCN红色名录》：无危（LC）。

56. 黑眉锦蛇 *Elaphe taeniura* (Cope, 1861)　　　　　游蛇科 Colubridae

识别特征　较大的无毒蛇。体较细长。体长 1500~2500mm。头窄且长，略呈梯形，与颈部区分明显。吻长，吻端窄、平截。眼大，瞳孔圆形。头及体背黄绿色至灰褐色，体背前中段具黑色横纹或哑铃状斑纹，至后段逐渐不显；体侧前部有 1 列黑色斑块，或呈网纹状，至体侧后部渐变为黑色方形斑块，间隔以白色横纹，尾端变为黑色纵带。上、下唇鳞及下颌淡黄色，眼后有 1 条黑色粗纹延伸至颈部。腹面灰黄色至浅灰色。

生态习性　生活于海拔 200~700m 的平原、丘陵和山地，常在房屋及其附近活动。行动迅速，善攀爬。捕食鼠类、鸟和鸟卵。卵生。

地理分布　历史资料记载。

保护及濒危等级　浙江省重点保护野生动物；《中国生物多样性红色名录》：易危（VU）；《IUCN红色名录》：易危（VU）。

57.红纹滞卵蛇 *Oocatochus rufodorsatus* (Cantor, 1842)　　　游蛇科Colubridae

识别特征　中等大小的无毒蛇。头较长,与颈区分明显。瞳孔圆形。上唇鳞多为7枚,背鳞平滑,腹鳞不超过200枚。头、体背淡红褐色或黄褐色;头、背有Λ形黑斑;体前段有4行杂有红棕色的黑点,逐渐形成黑色纵线达尾背;腹面密缀黑黄相间的棋格状斑。

生态习性　栖息于低海拔池塘及其附近的水田、菜地或水沟内。半水栖性蛇类。捕食鱼类、蛙类、螺类及水生昆虫。卵胎生。

地理分布　历史资料记载。

保护及濒危等级　《中国生物多样性红色名录》:近危(NT);《IUCN红色名录》:无危(LC)。

58.草腹链蛇 *Amphiesma stolatum* (Linnaeus, 1758)　　　水游蛇科Natricidae

识别特征　中等偏小的无毒蛇。头椭圆形,与颈区分明显。眼较大。瞳孔圆形。颊鳞单枚,眶前鳞单枚。背鳞19-19-17行,起强棱,两外侧行鳞平滑。肛鳞二分。尾下鳞成对。头黄褐色,颌下黄色。背面黑褐色或橄榄褐色。体背侧有2条浅褐色纵纹,纵纹间有黑色横斑相连,在横斑与纵纹相交处形成白色斑点。腹面白色,每枚腹鳞两端常有黑褐色斑点。

生态习性　栖息于海拔700m以下的低山区山地、田埂、路边。主要捕食蛙类、鱼类等。卵生。

地理分布　见于石塘。

保护及濒危等级　《中国生物多样性红色名录》:无危(LC);《IUCN红色名录》:无危(LC)。

59.颈棱蛇 *Pseudoagkistrodon rudis* Boulenger, 1906　水游蛇科 Natricidae

识别特征　中等大小的无毒蛇。体粗尾短。头大且扁，略呈三角形，与颈区分明显。眼大，瞳孔圆形。吻鳞三角形，背视刚好可见。头背大鳞粗糙，颞鳞和背鳞起强棱，背鳞23-23-19 行。肛鳞二分。尾下鳞成对。头背面深褐色，侧面有 1 条黑纹始于吻鳞、过眼、向后与颈部第 1 个黑棕色横斑相连，黑纹下橘红色。背面其余部分棕黄色，颈背有宽黑棕色横斑，向后有成对的圆形或椭圆形大斑。头腹面浅黄色，其余浅黄棕色，散布黑色斑纹。幼体头背面浅棕黄色。

生态习性　生活于海拔 400~700m 的山区林地，主要栖息于阔叶林、灌丛和溪流附近。捕食蛙、蚯蚓及蜥蜴等。卵胎生。

地理分布　历史资料记载。

保护及濒危等级　《中国生物多样性红色名录》：无危（LC）;《IUCN红色名录》：无危（LC）。

60.虎斑颈槽蛇 *Rhabdophis tigrinus* (Boie, 1826)　水游蛇科 Natricidae

识别特征　中等大小的毒蛇，无毒牙，但毒性来自 Duvernoy 氏腺体，颈腺受惊时会射出分泌物，对人类黏膜有强刺激性。头背面橄榄绿色或草绿色；躯干前段两侧有粗大的黑色与橘红色斑块相间排列，后段犹可见黑色斑块，橘红色则渐渐消失；上唇鳞污白色，鳞沟色黑；眼正下方及斜后方各有 1 条粗黑纹，十分醒目；体、尾腹面前段灰白色，散布灰黑色点斑；后段渐呈黑色。

生态习性　栖息于海拔 700m 以下的山区水域附近，常见于水田和杂草丛生的潮湿多水环境。日行性陆栖蛇类。捕食鱼类、蛙类等。卵生。

地理分布　历史资料记载。

保护及濒危等级　《中国生物多样性红色名录》：无危（LC）；《IUCN红色名录》：无危（LC）。

61. 赤链华游蛇 *Trimerodytes annularis* (Hallowell, 1856)　　水游蛇科 Natricidae

识别特征　中等大小的无毒蛇。体长约 500mm。头较小，卵圆形，与颈部区分较不明显。眼中等大，瞳孔圆形。体背面灰褐色，体侧面较浅，有环绕周身的黑色环纹 40~60 个。环纹在上方与颜色较深的背部相混而不明显，在体侧及腹面清晰。头背面暗褐色。上唇鳞黄白色，鳞沟黑色。腹面除环纹以外为橘红色至橙黄色。

生态习性　生活于沿海低地以及内地的平原、丘陵、山地，常见于稻田、池塘、溪流等水域及其附近。白天活动，善游泳，捕食鱼类、蛙类等。卵生。

地理分布　历史资料记载。

保护及濒危等级　《中国生物多样性红色名录》：易危（VU）；《IUCN红色名录》：无危（LC）。

62. 乌华游蛇 *Trimerodytes percarinatus* (Boulenger, 1899)　　水游蛇科 Natricidae

识别特征　中等大小的无毒蛇。体长 500~800mm。头中等大，略呈五边形，与颈部区分略明显。眼大，瞳孔圆形。体背面灰色至灰褐色，体侧面较浅，有 54~74 个环绕周身的黑色环纹。环纹在上方与颜色较深的背部相混而不明显，体侧及腹面清晰，前后两两相接，呈 Y 形。头背面橄榄灰色。上唇鳞灰黄色，鳞沟黑色。腹面黄白色，环纹往往模糊不清，形成灰褐色杂斑。

生态习性　半水生蛇类，生活于山区溪流或水田内，常见于稻田、池塘、溪流等水域及其附近。分布海拔100~700m。白天活动，善游泳，捕食鱼类、蛙类及甲壳类等。卵生。

地理分布　见于城南。

保护及濒危等级　《中国生物多样性红色名录》：近危（NT）；《IUCN红色名录》：无危（LC）。

63.黑头剑蛇 *Sibynophis chinensis* (Günther, 1889)　　　剑蛇科 Sibynophiidae

识别特征　小型无毒蛇。头较大，与颈区分明显。体细长、圆柱状，尾甚长。瞳孔圆形。眶前鳞单枚，眶后鳞 2 枚，背鳞平滑，肛鳞二分，尾下鳞成对。头背黑色或灰棕色，眼后和枕部各具 1 条黑色或棕黑色横斑。颈背黑色大斑与体背中央黑色脊线相连。腹面浅黄色，通常腹鳞外侧有黑斑点，形成 2 条纵线。

生态习性　栖息于海拔 700m 以下的树木、灌丛、石洞和路边。主要捕食蜥蜴，偶尔也吃蛇、蛙等。卵生。

地理分布　见于大溪、城东。

保护及濒危等级　《中国生物多样性红色名录》：无危（LC）；《IUCN 红色名录》：无危（LC）。

五、鸡形目 GALLIFORMES

64. 鹌鹑 *Coturnix japonica* Temminck & Schlegel, 1848　雉科 Phasianidae

英文名　Japanese Quail

识别特征　体小且滚圆的鹑类（体长 15~20cm）。上体具褐色与黑色横斑及皮黄色矛状长条纹。下体皮黄色，胸及两胁具黑色条纹。头具条纹及长眉纹。皮黄色眉纹与褐色头顶及贯眼纹成明显对照。喉和颊栗褐色，背赤褐色，喉皮黄色。虹膜红褐色；嘴铅灰色；脚肉色。

生态习性　栖息于平原、丘陵的沼泽、湖泊、溪流的草丛中，有时亦在灌木林中活动。主要以植物种子、幼芽、嫩枝为食，有时也捕食昆虫等无脊椎动物。

地理分布　见于松门、箬横。

保护及濒危等级　《中国生物多样性红色名录》：无危（LC）；《IUCN红色名录》：近危（NT）。

65. 灰胸竹鸡 *Bambusicola thoracica* Temminck, 1815　雉科 Phasianidae

英文名　Chinese Bamboo Partridge

识别特征　中等体型（体长约33cm）。雌雄相似。额、眉线及颈蓝灰色，与脸、喉及上胸的棕色成对比。两胁棕黄色，上背、胸侧及两胁有月牙形的大块褐斑。眉纹灰色。脸颊棕红色。胸灰色，具棕褐色胸带。虹膜红褐色；嘴褐色；脚绿灰色。

生态习性　栖息于山地、农地等，生境类型多样。杂食性，以植物性食物为主，如叶、果实、谷粒等，亦食昆虫。

地理分布　见于城南、太平、箬横、温峤、新河、大溪、石桥头、坞根。

保护及濒危等级　《中国生物多样性红色名录》：无危（LC）；《IUCN红色名录》：无危（LC）。

66. 白鹇 *Lophura nycthemera* (Linnaeus, 1758)　　雉科 Phasianidae

英文名　Silver Pheasant

识别特征　大型雉类（雄性体长 70~130cm）。雄性额、头顶和羽冠为蓝黑色，耳羽灰白色；面部裸出部分赤红色。上体与两翼均为白色，布满整齐的 V 形黑纹。尾甚长；尾羽白色。颏、喉和下腹部近黑褐色。雄性各羽具 2 道黑纹；雌性胸、腹部具鱼鳞纹。虹膜雄性橙黄色，雌性红褐色；嘴淡黄色；脚红色。

生态习性　栖息于开阔林地及次生常绿林。营地面巢，以枯枝落叶和蕨类植物的茎、叶等为巢材。以各种浆果、嫩叶、草籽等为主要食物，亦食昆虫。

地理分布　见于泽国、大溪、温峤、石桥头、城南、新河、城东。

保护及濒危等级　国家二级重点保护野生动物；《中国生物多样性红色名录》：无危（LC）；《IUCN红色名录》：无危（LC）。

67. 白颈长尾雉 *Syrmaticus ellioti* (Swinhoe, 1872)　　雉科 Phasianidae

英文名　Elliot's Pheasant

识别特征　大型雉类（雄性体长 81~90cm，雌性体长 45~50cm）。雄性头色浅，棕褐色尖长尾羽上具银灰色横斑，颈侧白色，翼上带横斑，腹部及肛周白色；黑色的颏、喉及白色的腹部为本种特征；脸颊裸皮猩红色；腰黑色且具蓝色金属光泽，羽缘白色。雌性头顶红褐色，枕及后颈灰色；上体其余部位杂以栗色、灰色及黑色虫蠹状斑；喉及前颈黑色；下体余部白色上具棕黄色横斑。虹膜黄褐色；嘴黄色；脚蓝灰色。

生态习性　栖息于林中或林缘。杂食性，主要以叶、茎、芽、花、果实和种子等植物性食物为食，也吃昆虫。

地理分布　见于大溪。

保护及濒危等级　国家一级重点保护野生动物；《中国生物多样性红色名录》：易危（VU）；《IUCN红色名录》：近危（NT）。

68. 环颈雉 *Phasianus colchicus* Linnaeus, 1758　　雉科 Phasianidae

英文名　Ring-necked Pheasant、Common Pheasant

识别特征　大型雉类（雄性体长 80~100cm，雌性体长 57~65cm）。雄性头部具黑色光泽，有显眼的耳羽簇，宽大的眼周裸皮鲜红色。颈黑绿色，有白环。身体披金挂彩，满身点缀着发光羽毛；腰灰色，从墨绿色至铜色至金色；两翼灰色；尾长且尖，褐色并带黑色横纹。雌性体色暗淡，周身密布浅褐色斑纹。虹膜黄色；嘴角质色；脚略灰。雄性的叫声为爆发性的"噼啪"两声，紧接着用力鼓翼。

生态习性　栖息于林中、林缘、平原、农田周边。喜食谷类、浆果、种子和昆虫。

地理分布　见于东部新区、松门、大溪、石桥头、城南。

保护及濒危等级　《中国生物多样性红色名录》：无危（LC）；《IUCN红色名录》：无危（LC）。

六、雁形目 ANSERIFORMES

69. 豆雁 *Anser fabalis* (Latham, 1787)　　鸭科 Anatidae

英文名　Taiga Bean Goose

识别特征　大型雁类（体长 70~89cm）。腰黑褐色；尾羽黑褐色，羽端白色。嘴甲圆形，端部略尖，呈黑色，嘴基黑色；鼻孔前端与嘴甲之间有一黄色横斑，此斑在嘴的两侧缘向后延伸，几至嘴角，形成 1 条狭窄的橙黄色带斑。头较扁。颈长。喙长。爪黑色。虹膜暗棕色；嘴橘黄色、黄色及黑色；脚橘黄色。

生态习性　栖息于农田、湖泊、沼泽、河流、水库等水域。飞行时，常见在高空排成V形或"一"字形的雁阵。喜食农作物、杂草种子、幼苗、根、茎之类食物。

地理分布　见于东部新区、松门、箬横。

保护及濒危等级　浙江省重点保护野生动物；《中国生物多样性红色名录》：无危（LC）；《IUCN红色名录》：无危（LC）。

70. 白额雁 *Anser albifrons* (Scopoli, 1769)　　　　鸭科 Anatidae

英文名　Greater White-fronted Goose

识别特征　大型雁类（体长 70~86cm）。额和上嘴基部有 1 道白色宽阔带斑，白斑的后缘黑色；头顶和后颈暗褐色；背、肩、腰等暗灰褐色，各羽边缘较淡，近白色；头侧、前颈及上胸灰褐色，向后渐淡；腹污白色，杂以不规则块斑；两胁灰褐色，羽端近白色；肛周及尾下覆羽白色。虹膜深褐色；嘴大部粉红色，基部黄色；脚橘黄色。

生态习性　栖息于农田、湖泊或河道边滩涂。主要以幼苗、嫩芽、根、茎等植物性食物为食。

地理分布　见于松门。

保护及濒危等级　国家二级重点保护野生动物；《中国生物多样性红色名录》：近危（NT）；《IUCN红色名录》：无危（LC）。

71. 小白额雁 *Anser erythropus* (Linnaeus, 1758)　　　　鸭科 Anatidae

英文名　Lesser White-fronted Goose

识别特征　中等体型的雁类（体长 56~66cm）。嘴基和额部有显著的白斑，一直延伸到两眼间。腹部具近黑色斑块。喙较短。眼圈金黄色。额白斑较尖。停歇时翅尖超过尾尖。虹膜深褐色；嘴粉红色；脚橘黄色。

生态习性　栖息于农田、滩涂、草地、湖泊、宽阔河道等生境。常集群活动。主要以植物芽、嫩叶为食。

地理分布　见于松门。

保护及濒危等级　国家二级重点保护野生动物；《中国生物多样性红色名录》：易危（VU）；《IUCN红色名录》：易危（VU）。

72. 翘鼻麻鸭 *Tadorna tadorna* (Linnaeus, 1758)　　　　　　　　鸭科 Anatidae

英文名　Common Shelduck

识别特征　体大且具醒目色彩的鸭类（体长 55~65cm）。雄性头部呈光亮的绿黑色，与鲜红色的嘴及额基部隆起的皮质肉瘤对比强烈。胸部有一栗色横带。雌性似雄性，但色较暗淡，嘴基肉瘤小或没有。前额有一小的白色斑点。棕栗色胸带窄、色浅。腹部黑色纵带也不甚清晰。尾羽末端黑色。虹膜浅褐色；嘴红色；脚红色。

生态习性　栖息于草地、湖泊、海岸、岛屿及其附近沼泽地带。主要以软体类、蜥蜴、蝗虫、甲壳类、小鱼和鱼卵等动物性食物为食，也吃植物叶片、嫩芽、种子。

地理分布　见于松门。

保护及濒危等级　浙江省重点保护野生动物；《中国生物多样性红色名录》：无危（LC）；《IUCN红色名录》：无危（LC）。

73. 鸳鸯 *Aix galericulata* (Linnaeus, 1758)　　　　　　　　鸭科 Anatidae

英文名　Mandarin Duck

识别特征　体小且色彩艳丽的鸭类（体长40~50cm）。雄性外表极为艳丽，有醒目的白色眉纹、金色颈、背部长羽以及拢翼后可直立的独特的棕黄色炫耀性"帆状饰羽"。雌性不甚艳丽，具亮灰色体羽及白色眼圈、眼后线。胁部浅斑较圆。虹膜褐色；嘴雄性红色，雌性灰色；脚近黄色。

生态习性　栖息于针阔叶混交林、溪流、沼泽、芦苇塘和湖泊等处。食物包括植物的根、茎、叶、种子，还有蚊子、石蝇、蟊斯、蝗虫、甲虫等各种昆虫，以及小鱼、蛙、虾、蜗牛、蜘蛛等动物。

地理分布　见于滨海。

保护及濒危等级　国家二级重点保护野生动物；《中国生物多样性红色名录》：近危（NT）；《IUCN红色名录》：无危（LC）。

74. 赤颈鸭 *Mareca penelope* (Linnaeus, 1758)　　　　　鸭科 Anatidae

英文名　Eurasian Wigeon

识别特征　中等体型的大头鸭（体长 42~51cm）。雄性头顶皮黄色，头部栗红色；翼上覆羽具大块白色，翼镜为狭窄的黑绿色；尾下覆羽黑色，与白色腹部对比鲜明。雌性喙蓝灰色，喙尖灰色；头、胸至胁部红棕色浓重。虹膜棕色；嘴蓝绿色；脚灰色。

生态习性　栖息于江河、湖泊、水塘、河口、海湾、沼泽等各类水域中。觅食藻类和其他水生植物的根、茎、叶，常到岸上或农田觅食青草、杂草种子和农作物，也吃少量动物性食物。

地理分布　见于箬横、松门、东部新区。

保护及濒危等级　浙江省重点保护野生动物；《中国生物多样性红色名录》：无危（LC）；《IUCN红色名录》：无危（LC）。

75. 罗纹鸭 *Mareca falcata* (Georgi, 1775)　　　　　鸭科 Anatidae

英文名　Falcated Duck

识别特征　中等体型的鸭类（体长 46~54cm）。雄性头顶栗色，头侧绿色闪光的羽冠延垂至颈项；黑白色的三级飞羽长、弯曲；喉及嘴基部白色使其区别于体型甚小的绿翅鸭。雌性暗褐色杂深色；头及颈色浅；两胁略带扇贝形纹；尾上覆羽两侧具皮草黄色线条；有铜棕色翼镜。虹膜褐色；嘴黑色；脚暗灰色。

生态习性　栖息于江河、湖泊、河湾、河口及其沼泽地带。主要以水藻，其他水生植物嫩叶、种子，草籽等植物性食物为食，也到农田觅食稻谷和幼苗，偶尔也吃软体类、甲壳类和水生昆虫等小型无脊椎动物。

地理分布　见于松门。

保护及濒危等级　浙江省重点保护野生动物；《中国生物多样性红色名录》：近危（NT）；《IUCN红色名录》：近危（NT）。

76. 赤膀鸭 *Mareca strepera* (Linnaeus, 1758)　　　　　鸭科 Anatidae

英文名　Gadwall

识别特征　中等体型的鸭类（体长 45~57cm）。雄性嘴黑色，头棕色，尾黑色，次级飞羽具白斑及腿橘黄色为其主要特征，嘴稍细。雌性头较扁，嘴侧橘黄色，腹部及次级飞羽白色。幼鸟似雌性，但翅覆羽无棕栗色，翼镜雌性成鸟的黑色部分为灰褐色，雌性成鸟的白色部分为灰棕色，腹部满杂以褐色斑。虹膜褐色；嘴繁殖期雄性灰色，其他时候橘黄色但中部灰色；脚橘黄色。

生态习性　栖息于江河、湖泊、水库、河湾、水塘、沼泽等内陆水域中。除食水生植物外，也常到岸上、农田中觅食青草、草籽、浆果和谷粒。

地理分布　见于东部新区。

保护及濒危等级　浙江省重点保护野生动物；《中国生物多样性红色名录》：无危（LC）；《IUCN红色名录》：无危（LC）。

77. 绿翅鸭 *Anas crecca* Linnaeus, 1758　　　　　鸭科 Anatidae

英文名　Common Teal、Eurasian Teal

识别特征　体小的鸭类（体长 34~38cm）。飞行快速。绿色翼镜在飞行时显而易见。雄性有明显的金属亮绿色，带皮黄色边缘的贯眼纹横贯栗色的头部，体侧具白色横斑，肩羽上有 1 道长长的白色条纹，深色的尾下覆羽外缘具皮黄色斑块，其余体羽多灰色。雌性褐色斑驳，腹部色淡，翼镜亮绿色，前翼色深，头部色淡。虹膜褐色；嘴灰色；脚灰色。

生态习性　栖息在开阔、水生植物茂盛、少干扰的中小型湖泊和各种水塘中。主要以植物性食物为主，也吃甲壳类、软体类、水生昆虫和其他小型无脊椎动物。

地理分布　见于箬横、东部新区、松门、城南。

保护及濒危等级　浙江省重点保护野生动物；《中国生物多样性红色名录》：无危（LC）；《IUCN红色名录》：无危（LC）。

78.绿头鸭*Anas platyrhynchos* Linnaeus, 1758 　　　　鸭科Anatidae

英文名　Mallard

识别特征　中等体型的鸭类（体长 55~70cm）。雄性头和颈部呈暗绿色，并带有金属光泽；白色颈环使头与栗色胸隔开。上背和两肩满布褐色与灰色相间的虫蠹状细斑；下背黑褐色；腰及尾上覆羽绒黑色；中央 2 对尾羽黑色，向上卷曲如钩状；上胸栗色，羽缘浅棕色；下胸两侧、两胁及腹淡灰白色，满布细小的褐色虫蠹状斑或点状斑；尾下覆羽绒黑色。雌性头顶和枕黑色，杂有棕黄色的条纹；头侧、颈侧和后颈棕黄色且杂有黑褐色纵纹；上体黑褐色，布有棕黄色的羽缘和 V 形斑；颏、喉和前颈浅棕红色；胸部棕色，带有暗褐色斑；腹及两胁浅棕色，散布褐色的斑块或条纹。虹膜褐色；嘴黄色；脚橘黄色。

生态习性　栖息于湖泊、河流、沼泽、稻田、河口等多种生境。杂食性，主要食植物的种子、茎、叶，也捕食无脊椎动物，偶尔捕食两栖类和鱼类。

地理分布　见于东部新区、松门、滨海。

保护及濒危等级　浙江省重点保护野生动物；《中国生物多样性红色名录》：无危（LC）；《IUCN 红色名录》：无危（LC）。

79.斑嘴鸭*Anas zonorhyncha* Swinhoe, 1866 　　　　鸭科Anatidae

英文名　Eastern Spot-billed Duck

识别特征　中等体型的鸭类（体长 58~63cm）。额、头顶和枕部暗褐色；嘴基黑色，嘴端黄色，且于繁殖期黄色嘴端顶尖有一黑点为本种特征；眉纹黄白色；颊和颈侧黄白色，夹杂暗褐色小斑点；上背暗灰褐色；下背褐色腰及尾上覆羽黑褐色；尾羽黑褐色；翅上覆羽暗褐色，羽端近灰白色；颏和喉黄白色；胸淡棕白色，杂有褐色斑；腹褐色，向后方逐渐转为暗褐色。虹膜褐色；脚珊瑚红色。

生态习性　栖息于湖泊、水库、江河、水塘、河口和沼泽地带。主要以植物性食物为食，如水生植物的叶、嫩芽、茎、根，也吃昆虫、软体类等动物性食物。

地理分布　见于东部新区、松门、坞根、城南、大溪、滨海。

保护及濒危等级　浙江省重点保护野生动物；《中国生物多样性红色名录》：无危（LC）；《IUCN 红色名录》：无危（LC）。

80.针尾鸭 *Anas acuta* Linnaeus, 1758 　　　　　　　　　　　　　　鸭科 Anatidae

英文名　Northern Pintail

识别特征　中等体型的鸭类（体长 51~76cm）。尾长且尖。雄性头棕色；喉白色；两胁有灰色扇贝形纹；尾下覆羽黑色；尾羽黑色，特化为针状；两翼灰色，具绿铜色翼镜；下体白色。雌性暗淡褐色；上体多黑斑；下体皮黄色，胸部具黑点；两翼灰色，翼镜褐色；尾羽较尖。虹膜褐色；嘴蓝灰色；脚灰色。

生态习性　栖息于水塘、湖泊、沼泽、沿海地带和海湾等生境中。多以水生无脊椎动物，如淡水螺等软体类和水生昆虫为食。

地理分布　见于箬横。

保护及濒危等级　浙江省重点保护野生动物；《中国生物多样性红色名录》：无危（LC）；《IUCN红色名录》：无危（LC）。

81.白眉鸭 *Spatula querquedula* (Linnaeus, 1758) 　　　　　　　　　　鸭科 Anatidae

英文名　Garganey

识别特征　中等体型的鸭类（体长 37~41cm）。雄性头巧克力色，具宽阔的白色眉纹；胸、背棕色；腹白色；肩羽形长，黑白色；翼镜为闪亮绿色带白色边缘；下体褐色和白色分界明显。雌性褐色的头部图纹显著；腹白色；翼镜暗橄榄色带白色羽缘。虹膜栗色；嘴黑色；脚蓝灰色。

生态习性　栖息于湖泊、江河、沼泽、河口、池塘等水域中。主要以水生植物的叶、茎、种子为食，也到岸上觅食青草和到农田觅食谷物。

地理分布　见于松门。

保护及濒危等级　浙江省重点保护野生动物；《中国生物多样性红色名录》：无危（LC）；《IUCN红色名录》：无危（LC）。

82. 琵嘴鸭 *Spatula clypeata* (Linnaeus, 1758)　　　　　　　　　　鸭科 Anatidae

英文名　Northern Shoveler

识别特征　中等体型的鸭类（体长44~52cm）。嘴特长，末端呈匙形。雄性腹栗色，胸白色，覆羽蓝灰色，头深绿色且具光泽。雌性褐色斑驳，尾近白色，贯眼纹深色。虹膜褐色；嘴繁殖期雄性近黑色，雌性橘黄褐色；脚橘黄色。

生态习性　栖息于河流、湖泊、水塘、沿海沼泽等水域环境中。主要以软体类、甲壳类、水生昆虫、鱼、蛙等动物性食物为食，也食水藻、草籽等植物性食物。

地理分布　见于东部新区。

保护及濒危等级　浙江省重点保护野生动物；《中国生物多样性红色名录》：无危（LC）；《IUCN红色名录》：无危（LC）。

83. 红头潜鸭 *Aythya ferina* (Linnaeus, 1758)　　　　　　　　　　鸭科 Anatidae

英文名　Common Pochard

识别特征　中等体型、外观漂亮的鸭类（体长41~50cm）。雄性栗红色的头部与亮灰色的嘴、黑色的胸部及上背成对比；腰黑色；背及两胁显灰色，近看为白色带黑色虫蠹状细纹；飞行时翼上的灰色条带与其余较深色部位对比不明显。雌性背灰色，头、胸及尾近褐色，眼周皮黄色。虹膜雄性红色，雌性褐色；嘴基灰色，嘴端黑色；脚灰色。

生态习性　栖息于湖泊、水库、水塘、河湾等各类水域中。食物主要为水生植物叶、茎、根和种子，有时也到岸上觅食青草和草籽。

地理分布　见于东部新区。

保护及濒危等级　浙江省重点保护野生动物；《中国生物多样性红色名录》：无危（LC）；《IUCN红色名录》：易危（VU）。

84. 青头潜鸭 *Aythya baeri* (Radde, 1863) 鸭科 Anatidae

英文名 Baer's Pochard

识别特征 中等体型的鸭类（体长 42~47cm）。胸深褐色；腹及两胁白色；翼下覆羽及二级飞羽白色，飞行时可见黑色翼缘。雄性头亮绿色，光线不好看时看上去似黑色；胁部前端白色，胁部栗色较窄。雌性头背、颈背黑褐色，头侧、颈侧棕褐色，眼先与嘴基之间有一栗红色近似圆斑，眼褐色或淡黄色，颏部有一三角形白色小斑。虹膜雄性白色，雌性褐色；嘴蓝灰色；脚灰色。

生态习性 栖息于湖泊、水库、水塘、河湾等各类水域中。食物主要为水生植物叶、茎、根和种子，有时也到岸上觅食青草和草籽。

地理分布 见于松门。

保护及濒危等级 国家一级重点保护野生动物；《中国生物多样性红色名录》：极危（CR）；《IUCN红色名录》：极危（CR）。

85. 白眼潜鸭 *Aythya nyroca* (Güldenstädt, 1770) 鸭科 Anatidae

英文名 Ferruginous Duck

识别特征 中等体型的鸭类（体长 33~43cm）。仅眼及尾下覆羽白色。雄性头、颈、胸及两胁浓栗色，腹与尾下覆羽间有宽阔棕色横带，尾下覆羽白色。雌性暗烟褐色，眼色淡。侧面看头部羽冠高耸。虹膜雄性白色，雌性褐色；嘴蓝灰色；脚灰色。

生态习性 栖息于湖泊、水库、水塘、河湾等各类水域中。食物主要为水生植物叶、茎、根和种子，有时也到岸上觅食青草和草籽。

地理分布 见于松门。

保护及濒危等级 浙江省重点保护野生动物；《中国生物多样性红色名录》：近危（NT）；《IUCN红色名录》：近危（NT）。

86.凤头潜鸭 *Aythya fuligula* (Linnaeus, 1758)　　　　鸭科 Anatidae

英文名　Tufted Duck

识别特征　中等体型的鸭类（体长 34~49cm）。头具特长羽冠（头顶有 1 根略长且下垂的"小辫"，这就是所谓的凤头，雌性稍不明显）。当它们活动在湖面上时，无论雌雄，尾部都是向下垂到水面以下的。雄性大部黑色，腹及体侧白色。雌性大部深褐色，两胁褐色，羽冠短。尾下覆羽偶为白色。雌性有浅色脸颊斑。虹膜黄色；嘴及脚灰色。

生态习性　栖息于湖泊、河流、水库、池塘、沼泽、河口等开阔水面。食物主要为虾、蟹、蛤、水生昆虫、小鱼、蝌蚪等动物性食物，有时也吃少量水生植物。

地理分布　见于东部新区。

保护及濒危等级　浙江省重点保护野生动物；《中国生物多样性红色名录》：无危（LC）；《IUCN 红色名录》：无危（LC）。

87.斑头秋沙鸭 *Mergellus albellus* (Linnaeus, 1758)　　　　鸭科 Anatidae

英文名　Smew

识别特征　体型小的鸭类（体长 38~44cm）。繁殖期雄性全身雪白色，但眼罩、枕纹、上背、初级飞羽及胸侧的狭窄条纹为黑色，体侧具灰色虫蠹状细纹。雄性的黑色眼罩就像是长了熊猫眼，因此又被戏称为"熊猫鸟"。雌性及非繁殖期雄性上体灰色，具 2 道白色翼斑，下体白色，眼周近黑色，额、顶及枕部栗色。雌性及雏鸭胸部、前额及顶冠呈灰色。虹膜褐色；嘴近黑色；脚灰色。

生态习性　栖息于湖泊、河流、池塘、湿地等多种生境。食物主要为鱼类、甲壳类、水生半翅目与鞘翅目昆虫、蛙类等。

地理分布　见于松门。

保护及濒危等级　国家二级重点保护野生动物；《中国生物多样性红色名录》：近危（NT）；《IUCN 红色名录》：无危（LC）。

七、䴙䴘目PODICIPEDIFORMES

88.小䴙䴘 *Tachybaptus ruficollis* (Pallas, 1764)   䴙䴘科Podicipedidae

英文名 Little Grebe

识别特征 小型游禽（体长23~29cm），是䴙䴘中最小的。上体黑褐色，部分羽毛尖端苍白色；眼先、颊、上喉等黑褐色；下喉、耳羽、颈侧红栗色；前胸、两胁、肛周均灰褐色，前胸羽端苍白色或白色；后胸和腹丝光白色，带有与前胸相同的灰褐色；腋羽和翼下覆羽白色。虹膜黄色或褐色；嘴黑色；脚蓝灰色，趾尖浅色。

生态习性 栖息于湖泊、水塘、河流、沼泽及涨过水的稻田。食物主要为小型鱼类、甲壳类、软体类和蛙等动物，也吃少量水生植物。

地理分布 见于温岭各乡镇（街道）。

保护及濒危等级 《中国生物多样性红色名录》：无危（LC）；《IUCN红色名录》：无危（LC）。

89.凤头䴙䴘 *Podiceps cristatus* (Linnaeus, 1758)   䴙䴘科Podicipedidae

英文名 Great Crested Grebe

识别特征 最大的䴙䴘（体长45cm以上）。嘴又长又尖，从嘴角到眼睛有1条黑线。脖子很长，通常与水面保持垂直。头的两侧和颏部都变为白色，前额和头顶却是黑色，头后面长出2撮小辫子一样的黑色羽毛，向上直立，所以被叫作"凤头䴙䴘"。颈部围有1圈由长长的饰羽形成的像小斗篷一样的翎领，基部是棕栗色，端部是黑色，极为醒目。雄性和雌性比较相似，较为肥胖，嘴直、细而侧扁，端部很尖。

生态习性 栖息于湖泊、沼泽、水库、池塘、河流和沿海水域。主要以鱼类为主食。

地理分布 见于松门。

保护及濒危等级 浙江省重点保护野生动物；《中国生物多样性红色名录》：无危（LC）；《IUCN红色名录》：无危（LC）。

90. 黑颈䴙䴘 *Podiceps nigricollis* Brehm, CL, 1831　　䴙䴘科 Podicipedidae

英文名　Black-necked Grebe

识别特征　中等体型的䴙䴘（体长 25~35cm）。繁殖期具松软的黄色耳簇，耳簇延伸至耳羽后，前颈黑色，嘴角微上扬。非繁殖期喙明显上翘，前额陡直，羽冠高耸在头正上方。颏部白色延伸至眼后，呈月牙形。飞行时无白色翼覆羽。虹膜红色；嘴黑色；脚灰黑色。

生态习性　栖息于湖泊、沼泽、水塘和河流。食物主要为各种小型鱼类、蝌蚪、甲壳类、软体类等。

地理分布　见于松门。

保护及濒危等级　国家二级重点保护野生动物；《中国生物多样性红色名录》：近危（NT）；《IUCN红色名录》：无危（LC）。

八、鸽形目 COLUMBIFORMES

91. 山斑鸠 *Streptopelia orientalis* (Latham, 1790)　　鸠鸽科 Columbidae

英文名　Oriental Turtle Dove

识别特征　中型斑鸠（体长 28~36cm）。头和颈灰褐色，带葡萄酒色；前额和头顶略带蓝灰色；颈部具数道黑白相间的横纹，在颈基两侧各有 1 块羽缘为蓝灰色的黑羽；上背褐色，各羽缘以红褐色；下背和腰均为蓝灰色；下体大多红褐色；颏和喉呈带黄的粉红色；腹部淡灰色；两胁、腋羽及尾下覆羽蓝灰色，尾下覆羽色较淡。鸣声低沉，其声似 "ku-ku-ku"。虹膜黄色；嘴灰色，质软；脚粉红色。

生态习性　栖息于平原、山地阔叶林、混交林、农田、果园等环境，有时亦见于城市公园。以各种植物的果实和种子、嫩叶、幼芽为食，也吃鳞翅目幼虫、甲虫等昆虫。

地理分布　见于太平、城北、城西、城南、大溪、箬横、温峤、坞根、石桥头、新河、城东。

保护及濒危等级　《中国生物多样性红色名录》：无危（LC）；《IUCN红色名录》：无危（LC）。

92. 火斑鸠 *Streptopelia tranquebarica* (Hermann, 1804)

鸠鸽科 Columbidae

英文名 Red Collared Dove

识别特征 体型较小（体长 20~23 cm）。雄性颈部为青灰色，颈侧具长条状黑色粗斑；体大部粉紫色；翅膀、胸、腹和肩、背为红褐色，胸、腹部羽毛颜色浅于肩、背部。雌性头部颜色较浅，胸至下体粉灰色，翼羽灰褐色。叫声为深沉的 "cru-u-u-u-u"，重复数次，重音在第 1 音节。

生态习性 栖息于平原、田野、村庄、果园和林缘地带。主要以植物种子和果实为食，有时也吃小型昆虫等动物性食物。

地理分布 见于泽国、松门。

保护及濒危等级 《中国生物多样性红色名录》：无危（LC）；《IUCN红色名录》：无危（LC）。

93. 珠颈斑鸠 *Streptopelia chinensis* (Scopoli, 1786)

鸠鸽科 Columbidae

英文名 Spotted Dove

识别特征 中型鸟类（体长 27~30cm）。雄性前额淡蓝灰色，到头顶逐渐变为淡粉红灰色；枕、头侧和颈粉红色，后颈有 1 大块黑色领斑，其上布满白色或黄白色珠状细小斑点；颏白色；上体余部褐色，羽缘较淡；喉、胸及腹粉红色；两胁、翅下覆羽、腋羽和尾下覆羽灰色；嘴暗褐色。雌性羽色与雄性相似，但不如雄性辉亮，光泽较少。叫声为轻柔、悦耳的 "ter-kuk-kurr"，不断重复，最后一音节加重。虹膜橘黄色；嘴黑色；脚红色。

生态习性 栖息于耕地、花园、公园、种植园、次生林等，也常出现在人类住宅附近。主要以植物的果实和种子为食，也吃蜗牛、昆虫等动物性食物。

地理分布 见于温岭各乡镇（街道）。

保护及濒危等级 《中国生物多样性红色名录》：无危（LC）；《IUCN红色名录》：无危（LC）。

九、夜鹰目 CAPRIMULGIFORMES

94. 普通夜鹰 *Caprimulgus indicus* Latham, 1790 夜鹰科 Caprimulgidae

英文名 Grey Nightjar

识别特征 小型鹰类（体长 24~29cm）。上体灰褐色，密杂以黑褐色和灰白色虫蠹状斑；头顶具细纵纹，髭纹白色；喉部密布横纹，两侧各有 1 块醒目白斑；两翼具褐色斑块；通体密布杂乱斑点；胸灰白色，杂以黑褐色虫蠹状斑和横斑；腹和两胁红棕色，具密的黑褐色横斑；尾下覆羽红棕色或棕白色，杂以黑褐色横斑。虹膜褐色；嘴偏黑色；脚巧克力色。

生态习性 栖息于林中、林缘、农田，也越来越适应城市环境，常停栖于建筑物的顶层平台。主要以甲虫、夜蛾、蚊等昆虫为食。

地理分布 见于大溪。

保护及濒危等级 《中国生物多样性红色名录》：无危（LC）；《IUCN红色名录》：无危（LC）。

95. 白腰雨燕 *Apus pacificus* (Latham, 1801) 雨燕科 Apodidae

英文名 Fork-tailed Swift、Pacific Swift

识别特征 小型鸟类（体长 17~20cm）。通体黑褐色。头顶至上背具淡色羽缘；下背、两翅表面和尾上覆羽微具光泽，且具近白色羽缘；腰白色，具细的暗褐色羽干纹；颏、喉白色。虹膜深褐色；嘴黑色；脚紫黑色。

生态习性 多在近溪流和水库的崖壁、森林活动。在飞行中捕食各种昆虫，主要种类有叶蝉、小蜂、蝽象、蝇、蚊、蜉蝣等。

地理分布 见于松门。

保护及濒危等级 《中国生物多样性红色名录》：无危（LC）；《IUCN红色名录》：无危（LC）。

96.小白腰雨燕 *Apus nipalensis* (Hodgson, 1837)　　　雨燕科Apodidae

英文名　Little Swift、House Swift

识别特征　小型鸟类（体长11~15cm）。额、头顶、头侧和后颈灰褐色。喉白色。背和尾黑褐色，微带蓝绿色光泽。下体纯黑褐色。尾为平尾，中间微凹。腰白色。尾上覆羽暗褐色，具古铜色光泽。尾下覆羽灰褐色。翼较宽阔，呈烟灰褐色。肩灰褐色，三级飞羽微带光泽。颊淡褐色。虹膜深褐色；嘴黑色；脚黑褐色。

生态习性　栖息于林缘、开阔地、城镇、崖壁、洞穴等多种生境。主要以膜翅目等昆虫为食。

地理分布　历史资料记载。

保护及濒危等级　《中国生物多样性红色名录》：无危（LC）；《IUCN红色名录》：无危（LC）。

一〇、鹃形目CUCULIFORMES

97.红翅凤头鹃 *Clamator coromandus* (Linnaeus, 1766)　　　杜鹃科Cuculidae

英文名　Chestnut-winged Cuckoo

识别特征　体型较大的杜鹃（体长38~46cm）。雄性头侧黑色；羽冠蓝黑色，并带有金属光泽；后颈有白色半环带，中央布有灰色斑；肩、上背、内侧飞羽及覆羽为有光泽的暗绿色；下背、尾上覆羽蓝黑色；中央尾羽略带紫色，外侧尾羽末端白色；飞羽大多为栗红色，翅端灰褐色；颏、喉、上胸和翼下覆羽橙栗色；下胸、上腹白色；下腹和下胁烟灰色；尾下覆羽紫黑色。虹膜红褐色；嘴黑色；脚黑色。

生态习性　栖息于阔叶林、针叶林及针阔叶混交林等多种生境。主要捕食白蚁、毛虫等昆虫。

地理分布　见于大溪。

保护及濒危等级　浙江省重点保护野生动物；《中国生物多样性红色名录》：无危（LC）；《IUCN红色名录》：无危（LC）。

98. 大鹰鹃 *Hierococcyx sparverioides* (Vigors, 1832)　　杜鹃科 Cuculidae

英文名　Large Hawk Cuckoo

识别特征　体型较大的杜鹃（体长 38~42cm）。额、头顶、头侧及颈大部为暗灰色，前颈黑斑较小，后颈无斑；背部暗灰褐色；颈侧及胸红褐色，具黑褐色粗纵纹，下胸及腹部具横斑；颏黑色；尾部次端斑棕红色，尾端白色。虹膜橘黄色；上嘴黑色，下嘴黄绿色；脚浅黄色。

生态习性　栖息于平原至山地的阔叶林。食物以昆虫为主。

地理分布　见于松门。

保护及濒危等级　浙江省重点保护野生动物；《中国生物多样性红色名录》：无危（LC）；《IUCN红色名录》：无危（LC）。

99. 四声杜鹃 *Cuculus micropterus* Gould, 1838　　杜鹃科 Cuculidae

英文名　Indian Cuckoo

识别特征　中等体型的杜鹃（体长 31~34cm）。雄性头顶至后颈暗灰色；眼先灰白色；上体余部土褐色；尾羽色较背深，末端棕白色，近末端有宽阔黑斑，羽干两侧及羽缘布有棕白色斑点，外侧尾羽缘斑扩大成黑白相间的横纹状；颏、喉及上胸灰白色，略沾棕色；下体余部乳白色，带褐色横斑，尾下覆羽横纹稀短，腋羽和翼下覆羽横纹细窄。雌性胸部稍棕色，其余羽色与雄性相似。虹膜红褐色；眼圈黄色；上嘴黑色，下嘴偏绿色；脚黄色。

生态习性　栖息于林中、林缘或田间树木上。捕食树林中蝶类、蛾类及松毛虫等昆虫。

地理分布　见于松门。

保护及濒危等级　浙江省重点保护野生动物；《中国生物多样性红色名录》：无危（LC）；《IUCN红色名录》：无危（LC）。

100. 大杜鹃 *Cuculus canorus* Linnaeus, 1758　　杜鹃科 Cuculidae

英文名　Common Cuckoo

识别特征　中等体型的杜鹃（体长 32~35cm）。雄性额基灰色，沾淡棕色；头顶至尾上覆羽暗灰色；外侧覆羽及飞羽暗褐灰色，羽干黑褐色；尾黑色，末端白色，中央尾羽羽干两侧有对称白色斑，羽缘有许多小白点，外侧尾羽羽干和外翈边缘有小白斑。颏、喉、颈侧、上胸淡灰色；胸、腹、腋和胁羽白色，有不规则半环状黑褐色细窄横纹。雌性上体比雄性色深，下体横纹更细窄，喉、颈、上胸两侧也带有横纹。虹膜及眼圈黄色；上嘴为深色，下嘴为黄色；脚黄色。

生态习性　栖息于林中、林缘、开阔农田或湿地中。捕食鳞翅目幼虫、甲虫、蜘蛛、螺类等。

地理分布　见于松门。

保护及濒危等级　浙江省重点保护野生动物；《中国生物多样性红色名录》：无危（LC）；《IUCN 红色名录》：无危（LC）。

101. 中杜鹃 *Cuculus saturatus* Blyth, 1843　　杜鹃科 Cuculidae

英文名　Himalayan Cuckoo

识别特征　体型略小的杜鹃（体长 25~34cm）。腹部及两胁多具宽的横斑。雄性额、头顶至后颈暗灰色；背、腰至尾上覆羽色较深。尾黑褐色，末端白色，沿羽干两侧及羽缘有小白斑，最外侧尾羽的小白斑较大；翼缘白色，无斑纹。颏、喉浅灰色，前胸浅灰色沾棕色；胸、腹、胁灰白色沾浅棕色，并带有黑褐色横纹。雌性（棕色型）上体呈栗色；腰和尾上覆羽色更浓，密布不规则黑褐色横纹；飞羽、尾羽末端黑褐色，尾羽羽干两侧有白斑；下体带有黑褐色横纹；尾下覆羽横纹较稀疏。虹膜红褐色，眼圈黄色；嘴角质色；脚橘黄色。

生态习性　栖息于针叶林、针阔叶混交林和阔叶林等多种生境。主要以昆虫为食。

地理分布　见于松门。

保护及濒危等级　浙江省重点保护野生动物；《中国生物多样性红色名录》：无危（LC）；《IUCN红色名录》：无危（LC）。

102. 小杜鹃 *Cuculus poliocephalus* Latham, 1790

英文名 Lesser Cuckoo

识别特征 体小的杜鹃（体长 24~26cm）。上体大部灰色；头、颈及上胸浅灰色；背、肩黑褐色；腰及尾上覆羽蓝黑色。尾羽黑褐色，末端白色，两侧有白点，外侧尾羽内缘有 1 列似三角形白点，最外侧尾羽白点扩大

成横斑；颏灰色沾棕色；喉银灰色；前胸灰色沾栗棕色；腹浅棕白色，有不连续的褐黑横斑；尾下覆羽浅棕色，不带横纹或只有稀疏斑点；腋羽亦有细横纹。虹膜褐色；嘴基黄色，端黑色；脚黄色。

生态习性 栖息于林缘地边、次生林和阔叶林中，有时亦出现于路旁、村庄附近的疏林和灌木林。捕食昆虫，以鳞翅目昆虫为主。

地理分布 见于松门。

保护及濒危等级 浙江省重点保护野生动物；《中国生物多样性红色名录》：无危（LC）；《IUCN红色名录》：无危（LC）。

103. 小鸦鹃 *Centropus bengalensis* (Gmelin, JF, 1788)

英文名 Lesser Coucal

识别特征 体略大的鸦鹃（体长 34~38cm）。成鸟头、颈、上背及下体黑色，带深蓝色光泽；下背及尾上覆羽淡黑色，尾上覆羽有蓝色金属光泽；肩及其内侧与翅同为栗色，翅端及内侧次级飞羽暗褐色，显露出淡栗色的羽干。幼鸟下体淡棕白色，羽干色淡，胸、胁较暗；翅同成鸟，但翼下覆羽淡栗色，且杂以暗色细斑。虹膜红色；嘴黑色；脚黑色。

生态习性 栖息于芦苇丛、沼泽、竹林、次生林、开阔的郊区或耕地。食物主要为昆虫和其他小型动物。

地理分布 见于东部新区、城南、松门。

保护及濒危等级 国家二级重点保护野生动物；《中国生物多样性红色名录》：无危（LC）；《IUCN红色名录》：无危（LC）。

104. 噪鹃 *Eudynamys scolopaceus* (Linnaeus, 1758)　　　　杜鹃科 Cuculidae

英文名　Common Koel、Asian Koel

识别特征　体大的杜鹃（体长39~46cm）。雄性全身以黑色为主，背面泛蓝色光泽，下体略染褐色，胸部带有金属光泽。雌性上体暗褐色，泛橄榄绿色，带有金属光泽，密布白色或浅黄色斑点、横纹；头中部斑点为

浅黄白色，略呈条纹状；上背及两翅多横斑状；尾羽上的白斑呈弧状；颏至前胸暗褐色，其中的白斑点大且密；胸、腹及尾下覆羽白色，密布不规则黑褐色横斑。虹膜红色；嘴浅绿色；脚蓝灰色。

生态习性　栖息于次生林、森林以及各种人工林中。食性较杂，吃植物果实与各种昆虫。

地理分布　见于松门。

保护及濒危等级　浙江省重点保护野生动物；《中国生物多样性红色名录》：无危（LC）；《IUCN红色名录》：无危（LC）。

一一、鹤形目 GRUIFORMES

105. 普通秧鸡 *Rallus indicus* Blyth, 1849　　　　秧鸡科 Rallidae

英文名　Brown-cheeked Rail

识别特征　小型涉禽（体长23~29cm）。雄性额、头顶至后颈黑褐色，羽缘橄榄褐色；背、肩、腰、尾上覆羽

橄榄褐色，缀以黑色纵纹；眉纹灰白色，穿眼纹暗褐色；颏白色；头侧至胸石板灰色；两胁和尾下覆羽黑褐色有白色横纹；腹中央灰黑色，有淡褐色的羽端斑纹。雌性体羽颜色较暗，颏和喉均为白色，头侧和颈侧的灰色面积较小。虹膜红色；嘴红色至黑色；脚红色。

生态习性　栖息于湿地、草地、森林和灌丛等。以昆虫、小鱼、甲壳类、软体类等为食。

地理分布　见于松门。

保护及濒危等级　《中国生物多样性红色名录》：无危（LC）；《IUCN红色名录》：无危（LC）。

106. 白胸苦恶鸟 *Amaurornis phoenicurus* (Pennant, 1769) 　　秧鸡科 Rallidae

英文名 White-breasted Waterhen

识别特征 中型涉禽（体长 28~33cm）。头顶、枕、后颈、背和肩暗石板灰色，沾橄榄褐色，并微具绿色光辉；两颊、喉至胸均为白色，与上体形成黑白分明的对照。下腹中央白色且稍沾红褐色，下腹两侧、肛周和尾下覆羽红棕色。成鸟两性相似，雌性稍小。虹膜红色；嘴偏绿色，嘴基红色；脚黄色。

生态习性 栖息于沼泽、湿地、稻田、河岸、水沟、红树林、潮湿的林缘地带等，也常活动于靠近人居的公园绿地和池塘。捕食昆虫、软体类、蜘蛛、小鱼等，也吃少量植物叶、茎、花和种子，还取食砂砾。

地理分布 见于箬横、泽国、城北、新河、松门、大溪、城南、滨海。

保护及濒危等级 《中国生物多样性红色名录》：无危（LC）；《IUCN红色名录》：无危（LC）。

107. 红脚田鸡 *Zapornia akool* (Sykes, 1832) 　　秧鸡科 Rallidae

英文名 Brown Crake

识别特征 中等体型（体长 26~28cm），体色暗而腿红色。上体全橄榄褐色，脸及胸青灰色，腹及尾下褐色；两色交界处有过渡，不清晰。幼鸟灰色较少。体羽无横斑。飞行无力，腿下悬。虹膜红色；嘴黄绿色；脚暗红色。

生态习性 栖息于池塘、湖泊、河岸、沼泽、稻田等湿地环境。食物以水生昆虫为主，也吃环节类、软体类、小甲壳类、小鱼以及植物的果实和种子。

地理分布 见于新河、大溪、松门、箬横。

保护及濒危等级 《中国生物多样性红色名录》：无危（LC）；《IUCN红色名录》：无危（LC）。

108. 小田鸡 *Zapornia pusilla* (Pallas, 1776)　　　　　　秧鸡科 Rallidae

英文名　Baillon's Crake

识别特征　体纤小的田鸡（体长 15~20cm）。嘴短，背部具白色纵纹，两胁及尾下具白色细横纹。雄性头顶及上体红褐色，具黑白色纵纹；胸及脸灰色；下腹具白色和黑褐色横斑。雌性色暗，耳羽褐色。虹膜红色；嘴偏绿色；脚偏粉。叫声为干哑的降调颤音，似青蛙或雄性白眉鸭叫声。

生态习性　栖息于池塘、湖泊、河岸、沼泽、稻田等湿地生境。食物以水生昆虫为主，也吃软体类、小甲壳类、小鱼以及绿色植物。

地理分布　见于松门。

保护及濒危等级　《中国生物多样性红色名录》：无危（LC）；《IUCN红色名录》：无危（LC）。

109. 西秧鸡 *Rallus aquaticus* Linnaeus, 1758　　　　　　秧鸡科 Rallidae

英文名　Water Rail

识别特征　中等体型（体长 23~26cm）。上体暗褐色，具黑色条纹。脸、喉部、前颈和胸部灰色。眉纹浅灰色，眼线深灰色。两胁和尾下覆羽具黑白色横斑。上体较淡，黑纹较疏细，胸部灰色较浓。无暗褐色贯眼纹，脸及胸、腹部蓝灰色，尾下覆羽白色。虹膜红色；嘴红色至黑色；脚红色。

生态习性　栖息于水田、湖泊沼泽、小河边的草地和灌丛。晨昏活动，性隐蔽，很少离开水边茂密的植被。以昆虫、小鱼、甲壳类、软体类等为食。

地理分布　见于松门。

保护及濒危等级　《中国生物多样性红色名录》：无危（LC）；《IUCN红色名录》：无危（LC）。

110.黑水鸡 *Gallinula chloropus* (Linnaeus, 1758)　　秧鸡科 Rallidae

英文名　Common Moorhen

识别特征　中型涉禽（体长 30~38cm）。雌雄相似，雌性稍小。额甲鲜红色，端部圆形。头、颈及上背灰黑色，下背、腰至尾上覆羽和两翅覆羽暗橄榄褐色。下体灰黑色，向后逐渐变浅，羽端微缀白色；下腹羽端白色较大，形成黑白相杂的块斑；两胁具宽的白色条纹；尾下覆羽中央黑色，两侧白色。虹膜红色；嘴暗绿色，嘴基红色；脚绿色。

生态习性　栖息于河流沿岸、池塘、沼泽、水库、水沟、稻田和沼泽等生境。杂食性，以小鱼、蛙、蟋蟀、小螺蛳、蚊子、甲虫和一些植物的茎、叶为食。

地理分布　见于城东、城南、箬横、松门、城西、石桥头、新河、横峰、东部新区、滨海。

保护及濒危等级　《中国生物多样性红色名录》：无危（LC）；《IUCN红色名录》：无危（LC）。

111.白骨顶 *Fulica atra* Linnaeus, 1758　　秧鸡科 Rallidae

英文名　Common Coot、Eurasian Coot

识别特征　中型涉禽（体长 36~39cm）。成鸟雌雄相似。头具白色额甲，端部钝圆，雌性额甲较小。头和颈纯黑色，并带有光泽。上体余部及两翅石板灰黑色，向体后渐沾褐色。下体浅石板灰黑色，羽色较浅，羽端苍白色。尾下覆羽黑色。虹膜红色；嘴白色；脚灰绿色。

生态习性　栖息于湖泊、水库、水塘、水渠、河湾和深水沼泽地带。杂食性，主要吃小鱼、虾和水生植物嫩叶、幼芽、果实、种子，也吃各种昆虫、蜘蛛、软体类。

地理分布　见于箬横、松门、东部新区、城南。

保护及濒危等级　《中国生物多样性红色名录》：无危（LC）；《IUCN红色名录》：无危（LC）。

一二、鸻形目 CHARADRIIFORMES

112. 蛎鹬 *Haematopus ostralegus* Linnaeus, 1758　　　蛎鹬科 Haematopodidae

英文名　Eurasian Oystercatcher

识别特征　中等体型的涉禽（体长 40~48cm）。嘴粗壮、长直而端钝。上背、头及胸黑色，下背及尾上覆羽白色，下体余部白色。翼上黑色，沿次级飞羽的基部有白色宽带；翼下白色，并具狭窄的黑色后缘。眼下方有一小白斑。虹膜红色；嘴橙红色；脚粉红色。

生态习性　栖息于湖泊、水库、沿海海岸、河口和岛屿地带。主要以甲壳类、软体类、小鱼、昆虫为食。

地理分布　见于石塘。

保护及濒危等级　《中国生物多样性红色名录》：无危（LC）；《IUCN红色名录》：近危（NT）。

113. 黑翅长脚鹬 *Himantopus himantopus* (Linnaeus, 1758)　　反嘴鹬科 Recurvirostridae

英文名　Black-winged Stilt

识别特征　高挑、修长的涉禽（体长 35~40cm）。嘴细长，腿长，两翼黑色，体羽白色。颈背具黑色斑块。雄性额白色；头顶至后颈黑色，或白色且杂以黑色。雌性颈白色，但眼后有灰色斑。虹膜粉红色；嘴黑色；腿及脚淡红色。

生态习性　栖息于湖泊、水库、沿海海岸、河口、岛屿与江河地带。主要以软体类、甲壳类、环节动物、昆虫、小鱼和蝌蚪等动物性食物为食。

地理分布　见于松门、温峤。

保护及濒危等级　《中国生物多样性红色名录》：无危（LC）；《IUCN红色名录》：无危（LC）。

114.反嘴鹬 *Recurvirostra avosetta* Linnaeus, 1758

反嘴鹬科 Recurvirostridae

英文名 Pied Avocet

识别特征 高挑、修长的涉禽（体长 42~45cm）。腿长，有细长的喙，喙上弯明显。除了有黑色的头部和翅膀、背部的黑色斑块外，其余均为白色羽毛。飞行时从下面看体羽全白色，仅翼尖黑色。具黑色的翼上横纹及肩部条纹。虹膜褐色，具白色眼圈；嘴黑色；脚黑色。

生态习性 栖息于沿海滩涂、湖泊、河流、水塘岸边及其附近沼泽。主要以小型甲壳类、水生昆虫、软体类等小型无脊椎动物为食。

地理分布 见于城南、石塘。

保护及濒危等级 《中国生物多样性红色名录》：无危（LC）；《IUCN红色名录》：无危（LC）。

115.凤头麦鸡 *Vanellus vanellus* (Linnaeus, 1758)

鸻科 Charadriidae

英文名 Northern Lapwing

识别特征 体型略大的麦鸡（体长 28~31cm）。具长窄的黑色反翻型凤头。上体具绿黑色金属光泽；尾白色，具宽的黑色次端带；头顶色深，耳羽黑色，头侧及喉部污白色；胸近黑色；腹白色。雌雄基本相似，但雌性头部羽冠稍短，喉部常有白斑。虹膜褐色；嘴近黑色；腿及脚橙褐色。

生态习性 栖息于湖泊、水塘、沼泽、溪流和农田地带。主要吃天牛幼虫、蚂蚁、石蛾、蝼蛄等昆虫，也吃虾、蜗牛、螺、蚯蚓等小型无脊椎动物，以及大量植物嫩叶和杂草种子。

地理分布 见于箬横。

保护及濒危等级 《中国生物多样性红色名录》：无危（LC）；《IUCN红色名录》：近危（NT）。

116. 灰头麦鸡 *Vanellus cinereus* (Blyth, 1842)　　　　鸻科 Charadriidae

英文名　Grey-headed Lapwing

识别特征　体大的麦鸡（体长 34~37cm）。繁殖期头及胸灰色；背褐色；翼尖、胸带及尾部横斑黑色；翼后余部、腰、腹及尾白色。非繁殖期头、颈多褐色；颏、喉白色；黑色胸带部分不清晰。虹膜褐色；嘴基部黄色，尖端黑色；脚黄色。

生态习性　栖息于草地、沼泽、湖畔、河边、水塘以及农田地带。主要吃鞘翅目和直翅目昆虫，也吃水蛭、螺、蚯蚓、植物叶及种子。

地理分布　见于箬横。

保护及濒危等级　《中国生物多样性红色名录》：无危（LC）；《IUCN红色名录》：无危（LC）。

117. 金鸻 *Pluvialis fulva* (Gmelin, JF, 1789)　　　　鸻科 Charadriidae

英文名　Pacific Golden Plover

识别特征　中等体型的健壮涉禽（体长 23~26cm）。头大，嘴短厚。雄性繁殖期脸、喉、胸前及腹部均为黑色；脸周及胸侧白色。雌性繁殖期下体也有黑色，但不如雄性繁殖期多。非繁殖期金棕色，贯眼纹、脸侧及下体均色浅。虹膜褐色；嘴黑色；腿灰色。

生态习性　栖息于沿海滩涂、湖泊、河流、水塘岸边及其附近沼泽、草地、农田。主要以鞘翅目、鳞翅目和直翅目昆虫、软体类、甲壳类等动物性食物为食。

地理分布　见于松门。

保护及濒危等级　《中国生物多样性红色名录》：无危（LC）；《IUCN红色名录》：无危（LC）。

118. 灰鸻 *Pluvialis squatarola* (Linnaeus, 1758)　　　　鸻科 Charadriidae

英文名　Grey Plover

识别特征　中等体型的健壮涉禽（体长 27~31cm）。嘴短厚。体型较金鸻大，头及嘴较大。上体褐灰色，下体近白色，飞行时翼纹和腰部偏白色，黑色的腋羽与白色的下翼基部形成黑白色块斑。虹膜褐色；嘴黑色；腿灰色。

生态习性　栖息于沿海滩涂、河口、江河、湖泊沿岸及农田等生境。主要以水生昆虫、虾、螺、蟹、蠕虫等动物为食。

地理分布　见于松门。

保护及濒危等级　《中国生物多样性红色名录》：无危（LC）；《IUCN红色名录》：无危（LC）。

119. 长嘴剑鸻 *Charadrius placidus* Gray, JE & Gray, GR, 1863　　　鸻科 Charadriidae

英文名　Long-billed Plover

识别特征　体型略大且健壮的鸻（体长 19~21cm）。前额白色直抵嘴基部；白色眼纹向后延伸；头顶前部有较宽的黑斑，后部灰褐色；眼先和眼下的暗褐色窄带后延至耳羽；后颈的白色狭窄领环伸至颈侧，与颏、喉的白色相连，其下部围绕一狭窄的黑色胸带；黑色胸带在胸部变得稍微宽阔。背、肩、两翅覆羽、腰、尾上覆羽、尾羽灰褐色。尾羽近端部渲染黑色，外侧尾羽羽端白色。虹膜褐色；嘴黑色；腿及脚暗黄色。

生态习性　栖息于湖泊、水塘、海岸、河口、沿海沙滩等生境。以水生昆虫、蠕虫、甲壳类及其他水生无脊椎动物为食，也吃草籽、水生植物叶和芽等。

地理分布　见于松门。

保护及濒危等级　《中国生物多样性红色名录》：近危（NT）；《IUCN红色名录》：无危（LC）。

120. 金眶鸻 *Charadrius dubius* Scopoli, 1786　　　鸻科 Charadriidae

英文名　Little Ringed Plover

识别特征　小型涉禽（体长 14~17cm）。前额和眉纹白色；额基和头顶前部绒黑色；头顶后部和枕灰褐色；金色眼圈明显；具黑色贯眼纹；后颈具一白色环带，向下与颏、喉部白色相连，此白环之后紧接一黑领，围绕着上背和上胸；其余上体灰褐色或沙褐色。下体除黑色胸带外全为白色。虹膜褐色；嘴灰色；腿黄色。

生态习性　栖息于湖泊、河流岸边及其附近的沼泽、沿海滩涂、草地、农田地带。主要以昆虫、蠕虫、小型甲壳类和软体类为食。

地理分布　见于新河、城南、东部新区、箬横、松门、泽国。

保护及濒危等级　《中国生物多样性红色名录》：无危（LC）；《IUCN红色名录》：无危（LC）。

121. 环颈鸻 *Charadrius alexandrinus* Linnaeus, 1758　　　鸻科 Charadriidae

英文名　Kentish Plover

识别特征　体长 15~17cm。嘴短。上体淡褐色，下体纯白色。雄性胸侧具黑色块斑；雌性此斑块为褐色。白色颈环明显；雌雄相似，但雌性体色较暗，额带、眼先、贯眼纹、胸侧断裂的颈环均为沙褐色，不为黑色。

虹膜褐色；嘴黑色；腿黑色。

生态习性　栖息于海滨沙滩、泥地、沿海沼泽、河流、湖泊、水塘和稻田等水域岸边。主要以昆虫、蠕虫、小型甲壳类和软体类为食。

地理分布　见于箬横、松门、东部新区、滨海、石桥头。

保护及濒危等级　《中国生物多样性红色名录》：无危（LC）；《IUCN红色名录》：无危（LC）。

122. 蒙古沙鸻 *Charadrius mongolus* Pallas, 1776　　　　鸻科 Charadriidae

英文名　Lesser Sand Plover

识别特征　中等体型的鸻（体长 18~21cm）。嘴短、纤细，额白色，脸具黑色斑纹。胸部为较宽的棕红色。飞行时白色的翼横纹较模糊不清。虹膜褐色；嘴黑色；腿深灰色。

生态习性　栖息于沿海海岸、湖泊、河流、沼泽、草地和农田地带。主要取食昆虫、软体类、蠕虫等小型动物。

地理分布　见于箬横、松门。

保护及濒危等级　《中国生物多样性红色名录》：无危（LC）；《IUCN红色名录》：濒危（EN）。

123. 铁嘴沙鸻 *Charadrius leschenaultii* Lesson, R, 1826　　　　鸻科 Charadriidae

英文名　Greater Sand Plover

识别特征　中等体型的鸻（体长 22~25cm）。嘴短。繁殖期特征为胸具棕色横纹，脸具黑色斑纹，前额白色。雄性繁殖期眼先和前头上方黑色，黑色向后延伸至头侧；胸带棕栗色；头上、头后和颈侧略沾染棕色。雌性繁殖期头部缺少黑色；胸部的棕栗色也淡些，胸带有时不完整。虹膜褐色；嘴黑色；腿黄灰色。

生态习性　栖息于河流、河口、湖泊、沼泽及沿海沙滩等生境。主要以昆虫、小型甲壳类和软体类为食。

地理分布　见于松门。

保护及濒危等级　《中国生物多样性红色名录》：无危（LC）；《IUCN红色名录》：无危（LC）。

124. 彩鹬 *Rostratula benghalensis* (Linnaeus, 1758)
彩鹬科 Rostratulidae

英文名 Greater-painted Snipe

识别特征 体型略小且色彩艳丽的沙锥型涉禽（体长 23~28cm）。尾短。雄性体型较雌性小、色暗，多具杂斑而少皮黄色；翼覆羽具金色斑点；眼斑黄色。雌性头及胸深栗色，眼周白色，顶纹黄色；背及两翼偏绿色，背上具白色的V形纹，并有白色条带绕肩至白色的下体。虹膜红色；嘴黄色；脚近黄色。

生态习性 栖息于平原、水塘、沼泽、河渠、河滩草地和稻田中。主要捕食昆虫、蟹、虾、蛙、蚯蚓、软体类，也吃植物叶、芽、种子等。

地理分布 见于松门。

保护及濒危等级 《中国生物多样性红色名录》：无危（LC）；《IUCN红色名录》：无危（LC）。

125. 水雉 *Hydrophasianus chirurgus* (Scopoli, 1786)
水雉科 Jacanidae

英文名 Pheasant-tailed Jacana

识别特征 体型略大的水雉（体长 39~58cm）。尾特长。飞行时白色翼明显。头顶、背及胸上横斑灰褐色；颏、前颈、眉、喉及腹部白色；两翼近白色。黑色的贯眼纹下延至颈侧，下枕部金黄色。初级飞羽羽尖特长，形状奇特。虹膜黄色；嘴黄色、灰蓝（繁殖期）；脚棕灰色、偏蓝（繁殖期）。

生态习性 栖息于淡水湖泊、池塘和沼泽地带。以昆虫、软体类、甲壳类等小型无脊椎动物和水生植物为食。

地理分布 见于松门。

保护及濒危等级 国家二级重点保护野生动物；《中国生物多样性红色名录》：近危（NT）；《IUCN红色名录》：无危（LC）。

126. 丘鹬 *Scolopax rusticola* Linnaeus, 1758　　　　鹬科 Scolopacidae

英文名　Eurasian Woodcock

识别特征　中型涉禽（体长 33~38cm）。前额灰褐色，杂有淡黑褐色及赭黄色斑；头顶和枕绒黑色，具不规则的灰白色或棕白色横斑；后颈多呈灰褐色，有窄的黑褐色横斑。上体锈红色，杂有黑褐色横斑和斑纹；上背和肩具大黑色斑块。下背、腰和尾上覆羽具黑褐色横斑。尾羽黑褐色，内、外侧均具锈红色锯齿形横斑，羽端表面淡灰褐色，下面白色。颏、喉白色；其余下体灰白色，略沾棕色，密布黑褐色横斑。虹膜褐色；嘴基部偏粉色，端部黑色；脚粉灰色。

生态习性　栖息于阴暗、潮湿的阔叶林和混交林中，有时也见于林间沼泽、湿草地和林缘灌丛地带。主要以鞘翅目、双翅目、鳞翅目等昆虫及蚯蚓、蜗牛等小型无脊椎动物为食，有时也吃植物根、果实和种子。

地理分布　见于温峤、城南。

保护及濒危等级　《中国生物多样性红色名录》：无危（LC）；《IUCN红色名录》：无危（LC）。

127. 针尾沙锥 *Gallinago stenura* (Bonaparte, 1831)　　　　鹬科 Scolopacidae

英文名　Pin-tailed Snipe

识别特征　体小的沙锥（体长 25~27cm）。敦实、腿短。两翼圆，嘴相对短且钝。上体淡褐色，具白色、黄色、黑色的纵纹及虫蠹状斑纹；下体白色，胸沾赤褐色且多具黑色细斑；眼线于眼前细窄。外侧尾羽极细、呈针状。虹膜褐色；嘴褐色，嘴端深色；脚偏黄色。

生态习性　栖息于河岸、稻田、沼泽、草地等生境。主要以昆虫、软体类、甲壳类等小型无脊椎动物为食。

地理分布　见于新河、箬横。

保护及濒危等级　《中国生物多样性红色名录》：无危（LC）；《IUCN红色名录》：无危（LC）。

128. 扇尾沙锥 *Gallinago gallinago* (Linnaeus, 1758) 　　鹬科 Scolopacidae

英文名　Common Snipe

识别特征　中等体型且色彩鲜明的沙锥（体长 24~29cm）。两翼细且尖。嘴长。脸皮黄色；眼部上、下条纹及贯眼纹色深；上体深褐色，具白色、黑色的细纹及虫蠹状斑；下体淡皮黄色，具褐色纵纹。皮黄色眉线与浅色脸颊成对比。肩羽边缘色浅，比内缘宽。肩部线条较居中线条浅。虹膜褐色；嘴褐色；脚橄榄色。

生态习性　栖息于河边、湖岸、水田、鱼塘、溪沟、水洼地和林缘水塘等生境。主要以蚂蚁、小甲虫、鞘翅目等昆虫，蠕虫，蜘蛛，蚯蚓，软体类为食，偶尔也吃小鱼和杂草种子。

地理分布　见于箬横、新河、松门、泽国、城东。

保护及濒危等级　《中国生物多样性红色名录》：无危（LC）；《IUCN红色名录》：无危（LC）。

129. 半蹼鹬 *Limnodromus semipalmatus* (Blyth, 1848) 　　鹬科 Scolopacidae

英文名　Asian Dowitcher

识别特征　体长 33~36cm。嘴直、长，前端膨大，其上具许多细孔，嘴长超过尾长。繁殖期体赤褐色；下背、腰及尾上覆羽均无纯白色部分；背部有明显的黑色菱状轴斑及白色羽缘；腰部具斑纹。非繁殖期赤褐色全部消失，通体以灰褐色为主；上体略沾淡黄褐

色；眉纹污白色；下体白色；颈侧、胸侧具灰褐纵纹。虹膜褐色；嘴黑色；脚黑色。

生态习性　栖息于湿地、沼泽、鱼塘、盐田及沿海滩涂等生境。以昆虫幼虫及小蠕虫为食。

地理分布　历史资料记载。

保护及濒危等级　国家二级重点保护野生动物；《中国生物多样性红色名录》：近危（NT）；《IUCN红色名录》：近危（NT）。

130. 黑尾塍鹬 *Limosa limosa* (Linnaeus, 1758)

英文名 Black-tailed Godwit

识别特征 体大（体长 37~42cm）。嘴长，腿长。繁殖期眉纹白色；喙长且直，仅前小段黑色，后大段粉黄色；腹部白色，具黑色细横纹。非繁殖期喙后大段粉色；颈部浅灰色，无斑纹；尾羽黑色。虹膜褐色；嘴基粉色；脚绿灰色。

生态习性 栖息于沿海滩涂、河口、沼泽、湖泊、水田等湿地生境。主要以水生和陆生昆虫、甲壳类、软体类为食。

地理分布 见于箬横。

保护及濒危等级 《中国生物多样性红色名录》：无危（LC）；《IUCN红色名录》：近危（NT）。

131. 斑尾塍鹬 *Limosa lapponica* (Linnaeus, 1758)

英文名 Bar-tailed Godwit

识别特征 体大的涉禽（体长约 40cm）。腿长。具显著的白色眉纹，上体呈斑驳的灰褐色，下体胸部沾灰色。繁殖期喙微微上翘，喙基粉色；白色的尾及腰上具褐色横斑。翼羽斑点感强，腹部红色。非繁殖期喙后半段粉色。虹膜褐色；嘴基部粉红色，端部黑色；脚暗绿色或灰色。

生态习性 栖息于沿海滩涂、河口、海湾、盐田等生境，较少至淡水环境。主要以甲壳类、蠕虫、昆虫以及植物种子为食。

地理分布 见于松门、石塘。

保护及濒危等级 《中国生物多样性红色名录》：近危（NT）；《IUCN红色名录》：近危（NT）。

132. 小杓鹬 *Numenius minutus* Gould, 1841　　　鹬科 Scolopacidae

英文名　Little Curlew

识别特征　小型涉禽（体长 28~34cm）。嘴长，向下弯曲。头上具有明显的冠纹，中央的冠纹为皮黄色，两侧的冠纹为黑色。具 1 条黑褐色贯眼纹，眼睛的上方还有 1 条白色眉纹。上体黑褐色，并密杂着皮黄色和皮黄白色的羽缘，呈明显的斑驳状。胸部和前颈呈皮黄色，也夹杂着细的黑褐色条纹。腹部白色。虹膜褐色；嘴褐色，嘴基明显粉红色；脚蓝灰色。

生态习性　栖息于沼泽湿地、水田、荒地及海岸附近地带。主要以昆虫、小鱼、甲壳类和软体类等为食，有时也吃藻类和植物种子。

地理分布　见于松门。

保护及濒危等级　国家二级重点保护野生动物；《中国生物多样性红色名录》：近危（NT）；《IUCN红色名录》：无危（LC）。

133. 中杓鹬 *Numenius phaeopus* (Linnaeus, 1758)　　　鹬科 Scolopacidae

英文名　Eurasian Whimbrel

识别特征　体型偏小（体长 40~46cm）。嘴长、下弯、粗壮。眉纹色浅。具黑色顶纹。腰纯白色。似白腰杓鹬，但体型小许多，嘴也较短。虹膜褐色；嘴黑色；脚蓝灰色。

生态习性　栖息于沿海沙滩、海滨岩石、湖泊、沼泽、水塘、河流、农田等各类生境中。主要以昆虫、甲壳类、软体类等小型无脊椎动物为食。

地理分布　见于石塘。

保护及濒危等级　《中国生物多样性红色名录》：无危（LC）；《IUCN红色名录》：无危（LC）。

134. 白腰杓鹬 *Numenius arquata* (Linnaeus, 1758)　　　鹬科 Scolopacidae

英文名　Eurasian Curlew

识别特征　体大（体长 57~63cm）。嘴甚长、下弯。头顶及上体淡褐色；后颈至上背羽干纹增宽，到上背则呈块斑状。脸淡褐色，具褐色细纵纹。颏、喉灰白色。前颈、颈侧、胸、腹棕白色或淡褐色。腰白色。翼上覆羽具锯齿形黑褐色羽轴斑，胁部底色较白。尾上覆羽则变为较粗的黑褐色羽干纹。尾羽也为白色，具细窄黑褐色横斑。尾下覆羽纯白色，无斑纹。虹膜褐色；嘴褐色；脚青灰色。

生态习性　栖息于沿海滩涂、湖泊、沼泽、草地以及农田等生境。主要以甲壳类、软体类、蠕虫、昆虫为食，也啄食小鱼和蛙。

地理分布　见于箬横、石塘。

保护及濒危等级　国家二级重点保护野生动物；《中国生物多样性红色名录》：近危（NT）；《IUCN红色名录》：近危（NT）。

135. 大杓鹬 *Numenius madagascariensis* (Linnaeus, 1766)　　　鹬科 Scolopacidae

英文名　Far Eastern Curlew

识别特征　体型大（体长 53~66cm）。嘴甚长、下弯。上体黑褐色，羽缘白色，使上体呈黑白色而沾棕的花斑状。眼周灰白色，眼先蓝灰色。颏、喉白色。颈部白色羽缘较宽，使黑褐色变为更细的纵纹，因而使颈部显得较白。腰和尾上覆羽具较宽的棕红褐色羽缘，尾羽浅灰色沾黄色，具有棕褐色或灰褐色横斑。腹至尾下覆羽灰白色，腋羽和翅下覆羽白色。虹膜褐色；嘴黑色，嘴基粉红色；脚灰色。

生态习性　栖息于河流、湖泊、芦苇沼泽、水塘以及稻田边等生境。主要以甲壳类、软体类、昆虫为食，有时也吃鱼类、爬行类和无尾两栖类等脊椎动物。

地理分布　见于松门、石塘。

保护及濒危等级　国家二级重点保护野生动物；《中国生物多样性红色名录》：易危（VU）；《IUCN红色名录》：濒危（EN）。

136.鹤鹬 *Tringa erythropus* (Pallas, 1764)　　　　鹬科 Scolopacidae

英文名　Spotted Redshank

识别特征　中等体型（体长 26~33cm）。嘴长且直。繁殖期通体黑色，换羽阶段呈深浅程度不一的黑色，缘细长，末端微下弯，下喙基部红色。非繁殖期腰白色且延伸至背部，下体纯白色，翼后缘无白色。虹膜褐色；嘴黑色，嘴基红色；脚橘黄色。

生态习性　栖息于沿海滩涂、河口、水塘、湖泊、水田、沼泽等湿地生境。以各种水生昆虫、软体类、甲壳类、鱼类等为食。

地理分布　见于箬横。

保护及濒危等级　《中国生物多样性红色名录》：无危（LC）；《IUCN红色名录》：无危（LC）。

137.红脚鹬 *Tringa totanus* (Linnaeus, 1758)　　　　鹬科 Scolopacidae

英文名　Common Redshank

识别特征　中等体型（体长 26~29cm）。上体褐灰色，下体白色，胸具褐色纵纹。腰部白色明显，次级飞羽具明显白色外缘。尾上具黑白色细斑。夏季上体锈褐色，羽轴黑褐色。下体白色并密布黑褐色纵纹。非繁殖期颜色较淡。虹膜褐色；嘴基部红色，端部黑色；脚橙红色。

生态习性　栖息于海滨、江河、泥滩、河岸边、沼泽等生境。以甲壳类、软体类、昆虫等为食。

地理分布　见于箬横、城南。

保护及濒危等级　《中国生物多样性红色名录》：无危（LC）；《IUCN红色名录》：无危（LC）。

138. 泽鹬 *Tringa stagnatilis* (Bechstein, 1803) 鹬科 Scolopacidae

英文名　Marsh Sandpiper

识别特征　中等体型的纤细型鹬类（体长 22~26cm）。额白色，嘴黑、细直，头顶、颈侧具细密的黑色斑点，上体灰褐色，腰及下背白色，下体白色。两翼及尾近黑色，眉纹较浅。翼羽具黑色锚状纹，尾羽白色具黑色斑纹。虹膜褐色；嘴黑色；脚偏绿色。

生态习性　栖息于沿海滩涂、河口、内陆湖泊、沼泽等湿地生境。以各种水生昆虫、软体类、甲壳类、鱼类等为食。

地理分布　见于松门、箬横。

保护及濒危等级　《中国生物多样性红色名录》：无危（LC）；《IUCN红色名录》：无危（LC）。

139. 青脚鹬 *Tringa nebularia* (Gunnerus, 1767) 鹬科 Scolopacidae

英文名　Common Greenshank

识别特征　中等体型、高挑（体长 30~35cm）。灰色的嘴长、粗、略向上翻。上体灰褐具杂色斑纹，有黑色轴斑和白色羽缘，翼尖及尾部横斑近黑色；下体白色，喉、胸及两胁具褐色纵纹。背部的白色长条在飞行时尤为明显，飞行时脚伸出尾端甚长。翼下具深色细纹。虹膜褐色；嘴灰色，端黑色；脚黄绿色。

生态习性　栖息于沿海滩涂、内陆沼泽、河流、湖泊、池塘、盐田、水田等多种湿地生境。以各种水生昆虫、软体类、甲壳类、鱼类等为食。

地理分布　见于滨海、箬横、松门、东部新区、城南。

保护及濒危等级　《中国生物多样性红色名录》：无危（LC）；《IUCN红色名录》：无危（LC）。

140. 小青脚鹬 *Tringa guttifer* (Nordmann, 1835)

鹬科 Scolopacidae

英文名 Nordmann's Greenshank

识别特征 中等体型（体长 29~32cm）。腿偏黄，嘴呈双色。头较大；颈较短、较厚；嘴较粗且较钝，基部黄色。上体色较浅，鳞状纹较多，细纹较少（冬季）；翼下覆羽纯白色；腰至背白色呈 V 形；尾羽纯白色。尾部横纹色较浅。飞行时脚伸出尾后较少。虹膜褐色；嘴黑色，基部黄色；腿及脚黄色、绿色。

生态习性 栖息于沿海滩涂、河口、沼泽、盐田和稻田等生境。主要以水生小型无脊椎动物为食。

地理分布 见于石塘。

保护及濒危等级 国家一级重点保护野生动物；《中国生物多样性红色名录》：濒危（EN）；《IUCN红色名录》：濒危（EN）。

141. 白腰草鹬 *Tringa ochropus* Linnaeus, 1758

鹬科 Scolopacidae

英文名 Green Sandpiper

识别特征 小型涉禽（体长 21~24cm）。前额、头顶、后颈黑褐色，具白色纵纹。腰纯白色。上背、肩、翅覆羽和三级飞羽黑褐色，羽缘具白色斑点。下背和腰黑褐色，微具白色羽缘。尾上覆羽白色，尾羽亦为白色。虹膜褐色；嘴暗橄榄色；脚橄榄绿色。

生态习性 栖息于湖泊、河流、沼泽、水塘和农田等生境。主要以蠕虫、虾、蜘蛛、小蚌、田螺、昆虫等小型无脊椎动物为食，偶尔吃小鱼和稻谷。

地理分布 见于城南、箬横、新河、石桥头。

保护及濒危等级 《中国生物多样性红色名录》：无危（LC）；《IUCN红色名录》：无危（LC）。

142. 林鹬 *Tringa glareola* Linnaeus, 1758 　　　　　鹬科 Scolopacidae

英文名　Wood Sandpiper

识别特征　体型略小、纤细（体长 19~23cm）。上体灰褐色，极具斑点。眉纹长，白色。腹部及臀偏白色，腰白色。不延伸至背部。翼羽黑褐色，密布白色斑点。尾白色，具褐色横斑。虹膜褐色；嘴黑色；脚淡黄至橄榄绿色。

生态习性　栖息于湖泊、水塘、水库、沼泽和水田等生境。主要以昆虫、蜘蛛、软体类、甲壳类等小型无脊椎动物为食，也吃植物种子。

地理分布　见于箬横、大溪、城南、松门。

保护及濒危等级　《中国生物多样性红色名录》：无危（LC）；《IUCN红色名录》：无危（LC）。

143. 灰尾漂鹬 *Tringa brevipes* (Vieillot, 1816) 　　　　鹬科 Scolopacidae

英文名　Grey-tailed Tattler

识别特征　中等体型、低矮（体长 23~28cm）。嘴粗且直，贯眼纹黑色，眉纹白色，额近白色。腿短，黄色。上体灰色，胸浅灰色，腹白色，腰具横斑。飞行时翼下色深。虹膜褐色；嘴黑色；脚近黄色。

生态习性　栖息于岩石海岸、海滨沙滩、泥地及河口等生境。主要为小鱼、昆虫、甲壳类和软体类等为食。

地理分布　见于石塘、城南。

保护及濒危等级　《中国生物多样性红色名录》：无危（LC）；《IUCN红色名录》：近危（NT）。

144. 翘嘴鹬 *Xenus cinereus* (Güldenstädt, 1775)

鹬科 Scolopacidae

英文名 Terek Sandpiper

识别特征 中等体型、低矮（体长 22~25cm）。嘴长、上翘；上体灰色，具暗白色半截眉纹；黑色的初级飞羽明显；繁殖期肩羽具黑色条纹，胸部具黑褐色细纵纹，羽干深色；腹部及臀白色。虹膜褐色；嘴黑色，嘴基黄色；脚橘黄色。

生态习性 栖息于沿海滩涂、河口、湖泊、沼泽、盐田等生境。主要以鞘翅目、直翅目、夜蛾等昆虫为食，也吃螺、蠕虫、小鱼、蝌蚪等动物。

地理分布 见于松门。

保护及濒危等级 《中国生物多样性红色名录》：无危（LC）；《IUCN红色名录》：无危（LC）。

145. 矶鹬 *Actitis hypoleucos* (Linnaeus, 1758)

鹬科 Scolopacidae

英文名 Common Sandpiper

识别特征 小型涉禽（体长 16~22cm）。头、颈、背、翅覆羽和肩羽橄榄绿褐色且具绿灰色光泽。各羽均具细且闪亮的黑褐色羽干纹、端斑。眉纹白色；眼先黑褐色；头侧灰白色且具细的黑褐色纵纹。颏、喉白色，颈和胸侧灰褐色，前胸微具褐色纵纹，下体余部纯白色。腋羽和翼下覆羽亦为白色，翼下具2道显著的暗色横带。虹膜褐色；嘴深灰色；脚浅橄榄绿色。

生态习性 栖息于江河沿岸、湖泊、水库、水塘岸边、农田及沿海滩涂等生境。以鳞翅目、蝼蛄、甲虫等昆虫为食，也吃螺、蠕虫、小鱼、蝌蚪等小型动物。

地理分布 见于松门、箬横、城南、大溪、石塘。

保护及濒危等级 《中国生物多样性红色名录》：无危（LC）；《IUCN红色名录》：无危（LC）。

146. 翻石鹬 *Arenaria interpres* (Linnaeus, 1758)   鹬科 Scolopacidae

英文名 Ruddy Turnstone

识别特征 中等体型（体长 21~26cm）。嘴、腿均短。头及胸部具黑色、棕色及白色的复杂图案。嘴颇具特色。繁殖期翼覆羽、背羽、尾羽带白色，头部、颈部具大块黑白色，翼羽红棕色、橙红色。非繁殖期头部灰黑色，翼羽暗褐色。虹膜褐色；嘴黑色；脚橘黄色。

生态习性 栖息于沿海滩涂、礁石、沙滩、盐田、内陆湖泊等湿地生境。主要以水生昆虫、软体类、鱼、虾等为食。

地理分布 见于箬横。

保护及濒危等级 国家二级重点保护野生动物；《中国生物多样性红色名录》：近危（NT）；《IUCN红色名录》：无危（LC）。

147. 大滨鹬 *Calidris tenuirostris* (Horsfield, 1821)   鹬科 Scolopacidae

英文名 Great Knot

识别特征 体型略大（体长 26~30cm）。嘴较长且厚，嘴端微下弯。上体色深，具模糊的纵纹；头顶具纵纹；非繁殖期胸及两侧具黑色点斑（远处看似深色的胸带）；腰及两翼具白色横斑。春、夏季的鸟胸部具黑色大点斑，翼具赤褐色横斑。虹膜褐色；嘴黑色；脚灰绿色。

生态习性 栖息于沿海滩涂、沙滩、沼泽等生境。主要以水生昆虫、软体类、鱼、虾等为食。

地理分布 见于松门。

保护及濒危等级 国家二级重点保护野生动物；《中国生物多样性红色名录》：濒危（EN）；《IUCN红色名录》：濒危（EN）。

148. 小滨鹬 *Calidris minuta* (Leisler, 1812)　　　　　鹬科 Scolopacidae

英文名　Little Stint

识别特征　体小（体长 14~15cm）。嘴短且粗。腿深灰色。暗色贯眼纹模糊。眉纹白色。繁殖期喉及前颈偏红色，头顶及颈背深灰褐色，上体褐色，下体偏灰色，具明显黄色嘴斑。非繁殖期上体灰褐色，下体白色。与繁殖期的红胸滨鹬的区别在于：颏及喉白色，上背具乳白色V形带斑，胸部多深色点斑。虹膜褐色；嘴黑色；脚黑色。

生态习性　栖息于河流、湖泊、水库、沼泽等生境。主要以水生昆虫、软体类、鱼、虾等为食。

地理分布　见于松门。

保护及濒危等级　《中国生物多样性红色名录》：数据缺乏（DD）；《IUCN红色名录》：无危（LC）。

149. 红腹滨鹬 *Calidris canutus* (Linnaeus, 1758)　　　　　鹬科 Scolopacidae

英文名　Red Knot

识别特征　中等体型（体长 23~25cm）。腿短。深色的嘴短且厚。具浅色眉纹。上体灰色，略具鳞状斑。下体近白色，颈、胸及两胁淡皮黄色。繁殖期枕至后颈棕红色，腹白色区域小，呈渲染状。非繁殖期体羽灰色，无黑色羽毛或斑块，两胁具深色箭头纹。虹膜深褐色；嘴黑色；脚黄绿色。

生态习性　栖息于沿海滩涂、盐田、河口等湿地生境。以软体类、甲壳类、昆虫等小型动物为食，也吃部分植物嫩芽、种子和果实。

地理分布　见于石塘。

保护及濒危等级　《中国生物多样性红色名录》：易危（VU）；《IUCN红色名录》：近危（NT）。

150. 三趾滨鹬 *Calidris alba* (Pallas, 1764) 鹬科 Scolopacidae

英文名 Sanderling

识别特征 体型略小（体长 19~21cm）。繁殖期翼羽具黑、棕二色。非繁殖期具白色宽翼斑，肩部黑色，翼羽灰色。幼鸟翼羽具黑色、白色斑点。虹膜深褐色；嘴黑色；脚黑色。

生态习性 栖息于沿海滩涂、礁石及河口等湿地生境。主要以水生昆虫、软体类、鱼、蟹、虾等为食。

地理分布 历史资料记载，本次调查未见。

保护及濒危等级 《中国生物多样性红色名录》：无危（LC）；《IUCN红色名录》：无危（LC）。

151. 红颈滨鹬 *Calidris ruficollis* (Pallas, 1776) 鹬科 Scolopacidae

英文名 Red-necked Stint

识别特征 体小（体长 13~16cm）。上体色浅，具纵纹。具白色窄翼斑。尾羽中央黑色。非繁殖期上体灰褐色，多具杂斑及纵纹；眉线白色；腰的中部及尾深褐色；尾侧白色；下体白色。春、夏季头顶、颈的体羽及翅上覆羽棕色。虹膜褐色；嘴黑色；脚黑色。

生态习性 栖息于沿海滩涂、河口、湖泊、沼泽、鱼塘等生境。主要以水生昆虫、软体类、鱼、蟹、虾等为食。

地理分布 见于箬横、石塘。

保护及濒危等级 《中国生物多样性红色名录》：无危（LC）；《IUCN红色名录》：近危（NT）。

152. 青脚滨鹬 *Calidris temminckii* (Leisler, 1812)　　　鹬科 Scolopacidae

英文名　Temminck's Stint

识别特征　体小且矮壮（体长 13~15cm）。腿短。冬季上体暗灰色；下体胸灰色，渐变为近白色的腹部。夏季胸褐灰色，翼覆羽带棕色。虹膜褐色；嘴黑色；腿及脚偏绿或近黄色。

生态习性　栖息于河岸、池塘、湖泊、鱼塘、水田、沼泽等生境。主要以昆虫、小鱼、甲壳类、软体类等为食，有时也吃藻类和植物种子。

地理分布　见于箬横。

保护及濒危等级　《中国生物多样性红色名录》：无危（LC）；《IUCN红色名录》：无危（LC）。

153. 长趾滨鹬 *Calidris subminuta* (Middendorff, 1853)　　　鹬科 Scolopacidae

英文名　Long-toed Stint

识别特征　体小（体长 13~16cm）。上体具黑色粗纵纹。头顶褐色，白色眉纹明显。胸浅褐灰色，腹白色，腰部中央及尾深褐色，外侧尾羽浅褐色。夏季鸟多棕褐色。虹膜深褐色；嘴黑色；腿及脚绿黄色。

生态习性　栖息于河岸、池塘、湖泊、水田、沼泽等生境。主要以昆虫、小鱼、甲壳类、软体类等为食，有时也吃植物种子。

地理分布　见于松门。

保护及濒危等级　《中国生物多样性红色名录》：无危（LC）；《IUCN红色名录》：无危（LC）。

154. 尖尾滨鹬 *Calidris acuminata* (Horsfield, 1821)　　　　　鹬科 Scolopacidae

英文名　Sharp-tailed Sandpiper

识别特征　体型略小（体长 16~23cm）。嘴短。头顶棕色，眉纹色浅。胸皮黄色。下体具粗大的黑色纵纹。腹白色，尾中央黑色，两侧白色。繁殖期胸侧至胁具箭头状纹。非繁殖期体侧箭头状纹不明显，腰至尾羽中央贯穿黑色的羽毛。虹膜褐色；嘴黑色；腿及脚偏黄至绿色。

生态习性　栖息于沿海滩涂、河口、盐田、沼泽、农田、草地等生境。主要以蚊、昆虫幼虫为食，也吃小螺、甲壳类、软体类及植物种子。

地理分布　见于松门。

保护及濒危等级　《中国生物多样性红色名录》：无危（LC）；《IUCN红色名录》：无危（LC）。

155. 弯嘴滨鹬 *Calidris ferruginea* (Pontoppidan, 1763)　　　　　鹬科 Scolopacidae

英文名　Curlew Sandpiper

识别特征　体型略小（体长 18~23cm）。嘴长、下弯。上体大部灰色，几无纵纹；下体白色。眉纹、翼上横纹及尾上覆羽的横斑均白色。繁殖期胸部深棕色，颏白色，腰部的白色不明显。非繁殖期翼斑白色，腰纯白色。虹膜褐色；嘴黑色；脚黑色。

生态习性　栖息于沿海滩涂、盐田、河口、沼泽等湿地生境。主要以甲壳类、软体类、蠕虫和水生昆虫为食。

地理分布　见于松门。

保护及濒危等级　《中国生物多样性红色名录》：近危（NT）；《IUCN红色名录》：近危（NT）。

156. 黑腹滨鹬 *Calidris alpina* (Linnaeus, 1758) 　　鹬科 Scolopacidae

英文名　Dunlin

识别特征　体小（体长 16~22cm）。嘴适中。眉纹白色；嘴端略下弯；尾中央黑色，两侧白色。繁殖期上体棕色，腹部黑色轮廓清晰。非繁殖期眉纹白色不过眼，具白色翼斑，翼羽浅灰棕色。虹膜褐色；嘴黑色；脚绿灰色。

生态习性　栖息于沿海滩涂、河口、沼泽、水田、盐池等多种生境。主要以甲壳类、软体类、蠕虫、昆虫等各种小型无脊椎动物为食。

地理分布　见于东部新区、松门、箬横。

保护及濒危等级　《中国生物多样性红色名录》：无危（LC）；《IUCN红色名录》：无危（LC）。

157. 勺嘴鹬 *Calidris pygmeus* (Linnaeus, 1758) 　　鹬科 Scolopacidae

英文名　Spoon-billed Sandpiper

识别特征　体小（体长 14~16cm）。腿短。上体具纵纹。白色眉纹显著。繁殖期喙呈匙状；胸部具黑色点斑形成的纵纹。非繁殖期具白色窄翼斑；尾羽中央黑色；背部和翼羽浅灰棕色，羽缘窄，下体呈干净的白色。虹膜褐色；嘴黑色；脚黑色。

生态习性　栖息于湖泊、溪流、水塘、沼泽及沿海滩涂等多种生境。主要以昆虫、甲壳类和其他小型无脊椎动物为食。

地理分布　见于坞根。

保护及濒危等级　国家一级重点保护野生动物；《中国生物多样性红色名录》：极危（CR）；《IUCN红色名录》：极危（CR）。

158. 阔嘴鹬 *Calidris falcinellus* (Pontoppidan, 1763)　　　鹬科 Scolopacidae

英文名　Broad-billed Sandpiper

识别特征　体型略小（体长 15~18cm）。嘴下弯。翼角常具明显的黑色块斑并具双眉纹。繁殖期头顶"西瓜纹"明显，喙尖下弯。非繁殖期腰至尾羽中央贯穿黑色羽毛，腿暗黄褐色。虹膜褐色；嘴黑色；脚绿褐色。

生态习性　栖息于沿海滩涂、河口、盐池、沼泽、池塘、湖泊等多种生境。主要以甲壳类、软体类、环节类、昆虫等小型无脊椎动物为食。

地理分布　历史资料记载。

保护及濒危等级　国家二级重点保护野生动物；《中国生物多样性红色名录》：近危（NT）；《IUCN红色名录》：无危（LC）。

159. 流苏鹬 *Calidris pugnax* (Linnaeus, 1758)　　　鹬科 Scolopacidae

英文名　Ruff

识别特征　体略大（体长 20~32cm）。嘴短、直、暗褐色，腿长，头小，颈长。上体深褐色，具浅色鳞状斑纹。喉浅皮黄色。头及颈皮黄色。下体白色，两胁常具少许横斑。飞行时翼上狭窄白色横纹及于深色尾基两侧的椭圆形白色块斑极明显。雌性小于雄性。夏季雄性棕色或部分白色，并具明显的蓬松翎颌。虹膜

褐色；嘴褐色，嘴基近黄色，冬季灰色；脚多色，黄色、绿色、橙褐色。

生态习性　栖息于稻田、湖泊、河口、水塘、沼泽、沿海滩涂和附近沼泽等生境。主要以甲虫、蟋蟀、蚯蚓、蠕虫等无脊椎动物为食，有时也吃植物种子。

地理分布　历史资料记载。

保护及濒危等级　《中国生物多样性红色名录》：无危（LC）；《IUCN红色名录》：无危（LC）。

160. 黄脚三趾鹑 *Turnix tanki* Blyth, 1843　　　三趾鹑科 Turnicidae

英文名　Yellow-legged Buttonquail

识别特征　体型较小（体长 15~18cm）。上体及胸两侧具明显的黑色点斑。雄性体色较淡，颈、背栗色不明显。雌性虹膜米白色，后颈至上背红褐色，喉、胸棕黄色，腹至尾下覆羽浅棕黄色。虹膜黄色；嘴黄色；脚黄色。

生态习性　栖息于草地、沼泽、农田、林缘等生境。主要以植物种子、芽、嫩枝为食，有时也吃昆虫及其他无脊椎动物。

地理分布　见于坞根。

保护及濒危等级　《中国生物多样性红色名录》：无危（LC）；《IUCN红色名录》：无危（LC）。

161. 黑尾鸥 *Larus crassirostris* Vieillot, 1818　　　鸥科 Laridae

英文名　Black-tailed Gull

识别特征　中等体型（体长 46~48cm）。头部羽色干净。眼周红色。两翼长、窄。上体深灰色，腰白色，尾白且具宽大的黑色次端带。冬季头顶及颈、背具深色斑。合拢的翼尖上具 4 个白色斑点。当年幼鸟多沾褐色；脸部色浅；嘴粉红色，嘴端黑色；尾黑色，尾上覆羽白色。第二年鸟似成鸟，但翼尖褐色，尾上黑色较多。虹膜黄色；嘴黄色，嘴尖红色，继以黑色环带；脚绿黄色。

生态习性　栖息于沿海沙滩、礁石、草地、湖泊、河流和沼泽等生境。主要在海面上捕食上层鱼类，也捕食虾、软体类和水生昆虫等。

地理分布　见于东部新区、城南、石塘、松门。

保护及濒危等级　浙江省重点保护野生动物；《中国生物多样性红色名录》：无危（LC）；《IUCN红色名录》：无危（LC）。

162. 西伯利亚银鸥 *Larus smithsonianus* Coues, 1862　　　　鸥科 Laridae

英文名　American Herring Gull

识别特征　体长 55~68cm。似银鸥。头、颈全年几乎全白，背部蓝灰色，嘴端红色明显。冬季头、枕密布灰色纵纹，并及胸部，头部整体发灰。虹膜浅黄色；嘴黄色，上具红点。脚淡粉色。

生态习性　栖息于河流、湖泊、水库、滨海海湾、潮间带、礁岩等生境。主要捕食鱼、虾、软体类和水生昆虫。

地理分布　见于松门。

保护及濒危等级　《中国生物多样性红色名录》：无危（LC）；《IUCN红色名录》：无危（LC）。

163. 小黑背银鸥 *Larus fuscus* Linnaeus, 1758　　　　鸥科 Laridae

英文名　Lesser Black-backed Gull

识别特征　体长 51~70cm。上体灰色至深灰色，比其他银鸥及海鸥色深。冬季成鸟头具少量至中量纵纹。非繁殖期头、颈部白色，具棕褐色羽干纹。虹膜浅黄色；嘴黄色，上具红点；脚淡黄色。

生态习性　栖息于滨海滩涂、河口、港口等生境。食物主要以鱼、虾为主。

地理分布　见于石塘。

保护及濒危等级　《中国生物多样性红色名录》：无危（LC）；《IUCN红色名录》：无危（LC）。

164.红嘴鸥 *Chroicocephalus ridibundus* (Linnaeus, 1766) 鸥科 Laridae

英文名 Black-headed Gull

识别特征 中等体型的鸥类（体长 36~42cm）。繁殖期外侧初级飞羽白色，尖端黑色；具深褐色头罩；白色眼圈较窄。非繁殖期眼后具黑色点斑；嘴及脚红色；翼前缘白色，翼尖的黑色并不长，翼尖无或微具白色点斑。第一冬鸟：尾近尖端处具黑色横带，翼后缘黑色，体羽杂褐色斑。虹膜褐色；嘴红色（亚成鸟嘴尖黑色）；脚红色（亚成鸟色较淡）。

生态习性 栖息于沿海、内陆河流、湖泊，主要以鱼、虾、昆虫为食。

地理分布 历史资料记载。

保护及濒危等级 《中国生物多样性红色名录》：无危（LC）；《IUCN红色名录》：无危（LC）。

165.黑嘴鸥 *Saundersilarus saundersi* (Swinhoe, 1871) 鸥科 Laridae

英文名 Saunders's Gull

识别特征 体长 30~33cm。具粗、短的黑色嘴。繁殖期头及颈上部黑色，具清楚的白色眼环。颈下部、上背、肩、尾上覆羽、尾羽和下体白色。三级飞羽和翅上覆羽灰色，翅前缘、外侧边缘白色。第 1~3 枚初级飞羽外侧白色，内侧灰色或灰白色，具宽阔的黑色边缘和黑色尖端。次级飞羽灰色，具宽阔的白色先端。虹膜黑色；嘴黑色；脚深红色（幼鸟脚褐色）。

生态习性 栖息于沿海滩涂、沼泽及河口地带。主要以水生昆虫、甲壳类、蠕虫等无脊椎动物为食。

地理分布 见于石塘。

保护及濒危等级 国家一级重点保护野生动物；《中国生物多样性红色名录》：易危（VU）；《IUCN红色名录》：易危（VU）。

166. 遗鸥 *Ichthyaetus relictus* (Lönnberg, 1931)　　　　鸥科 Laridae

英文名　Relict Gull

识别特征　中等体型（体长 38~46cm）。头黑色。翼合拢时翼尖具数个白点。繁殖期喙短粗，暗红色；飞羽黑白相间；眼上、下方羽毛白色，有裂开的感觉。非繁殖期眼有凸起感，下喙角角度明显。虹膜褐色；嘴红色；脚红色。

生态习性　栖息于沿海滩涂、沼泽及河口地带。主要以水生昆虫、甲壳类、蠕虫等无脊椎动物为食。

地理分布　见于松门。

保护及濒危等级　国家一级重点保护野生动物；《中国生物多样性红色名录》：易危（VU）；《IUCN 红色名录》：易危（VU）。

167. 三趾鸥 *Rissa tridactyla* (Linnaeus, 1758)　　　　鸥科 Laridae

英文名　Black-legged Kittiwake

识别特征　中等体型（体长 37~41cm）。后枕具厚且模糊的黑色纹，尾略呈叉形。翼尖全黑色。越冬成鸟头及颈背具灰色杂斑。幼鸟嘴黑色，顶冠及后领污色。飞行时上体具不完整的深色 W 形斑纹，尾端具黑色横带。虹膜褐色；嘴黄色；脚黑色。

生态习性　栖息于海面上，是典型的海洋鸟类。主要以小鱼为食。

地理分布　见于松门。

保护及濒危等级　《中国生物多样性红色名录》：无危（LC）；《IUCN 红色名录》：易危（VU）。

168.鸥嘴噪鸥 *Gelochelidon nilotica* (Gmelin, JF, 1789)　　　鸥科 Laridae

英文名　Gull-billed Tern

识别特征　中等体型（体长35~38cm）。头顶、枕、头的两侧从眼和耳羽以上黑色。眼先和眼以下的头侧、下体白色。翅较细长，尾狭而尖叉。成鸟冬季下体白色，上体灰色，头白色，颈背具灰色杂斑，黑色块斑过眼；夏季头顶全黑色。虹膜褐色；嘴黑色；脚黑色。

生态习性　栖息于湖泊、河流、沼泽及沿海海面等生境。主要以昆虫、蜥蜴和小鱼为食，也吃甲壳类和软体类。

地理分布　见于松门、箬横、石塘、城南。

保护及濒危等级　《中国生物多样性红色名录》：无危（LC）；《IUCN红色名录》：无危（LC）。

169.红嘴巨燕鸥 *Hydroprogne caspia* (Pallas, 1770)　　　鸥科 Laridae

英文名　Caspian Tern

识别特征　体型大（体长48~55cm）。具大的红嘴。繁殖期额至头顶黑色；喙红色而端部黑色，极粗大；尾较短，分叉较深。非繁殖期红色的粗喙醒目；略具短羽冠；额和头顶不全为黑色，具黑纵纹。虹膜褐色；嘴红色，嘴尖偏黑色；脚黑色。

生态习性　栖息于海岸沙滩、泥地、岛屿和沿海沼泽、河口、湖泊、河流等生境。主要以小鱼为食，也吃甲壳类等其他水生无脊椎动物。

地理分布　见于城南。

保护及濒危等级　《中国生物多样性红色名录》：无危（LC）；《IUCN红色名录》：无危（LC）。

170.大凤头燕鸥 *Thalasseus bergii* (Lichtenstein, MHK, 1823)　　　鸥科 Laridae

英文名　Greater Crested Tern

识别特征　体大的燕鸥（体长 45~53cm）。具羽冠。繁殖期喙长、尖细；羽冠至枕部黑色；额和眼先白色；上体及翼羽深灰色；下体白色；初级飞羽外侧羽缘黑色，内侧也为黑色；翼狭长、尖。非繁殖期头顶近额部褪为白色，显得斑驳；眼睛完全显露。虹膜褐色；嘴绿黄色；脚黑色。

生态习性　栖息于海岸和海岛岩石、悬崖、沙滩及海洋上。主要以鱼类为食，也吃甲壳类、软体类和其他海洋无脊椎动物。

地理分布　见于大溪。

保护及濒危等级　国家二级重点保护野生动物；《中国生物多样性红色名录》：近危（NT）；《IUCN红色名录》：无危（LC）。

171.黑枕燕鸥 *Sterna sumatrana* Raffles, 1822　　　鸥科 Laridae

英文名　Black-naped Tern

识别特征　体型略小（体长 30~35cm）。头、颈白色，仅眼前具黑色点斑，颈背具黑色带；贯眼纹黑色，始于近喙基处，后连黑色枕部。上体浅灰色，下体白色。具长的叉形尾及特征性的枕部黑色带。虹膜褐色；嘴基黑色，嘴端黄色（成鸟）、污黄色（幼鸟）；脚黑色（成鸟）或黄色（雏鸟）。

生态习性　栖息于海岸、礁岩或海岛。主要以小鱼为食，也吃甲壳类、软体类、浮游生物等。

地理分布　见于石塘。

保护及濒危等级　浙江省重点保护野生动物；《中国生物多样性红色名录》：无危（LC）；《IUCN红色名录》：无危（LC）。

172.粉红燕鸥 *Sterna dougallii* Montagu, 1813　　　　鸥科 Laridae

英文名　Roseate Tern

识别特征　中等体型（体长 31~38cm）。白色的尾甚长且深叉。繁殖期头顶黑色，翼上及背部浅灰色，下体白色，胸部淡粉色。非繁殖期前额白色，头顶具杂斑，粉色消失。初级飞羽外侧羽近黑色。虹膜褐色；嘴黑色，繁殖期嘴基红色；脚繁殖期偏红色，其余黑色。

生态习性　栖息于海岸、岩礁、海中岛屿和开阔的海洋上。主要以小鱼为食。

地理分布　见于石塘。

保护及濒危等级　浙江省重点保护野生动物；《中国生物多样性红色名录》：无危（LC）；《IUCN红色名录》：无危（LC）。

173.普通燕鸥 *Sterna hirundo* Linnaeus, 1758　　　　鸥科 Laridae

英文名　Common Tern

识别特征　体型略小（体长 32~38cm）。翅长且窄，尾深叉型。繁殖期整个头顶黑色，胸灰色。非繁殖期上翼及背灰色，尾上覆羽、腰及尾白色，额白色，头顶具黑色及白色杂斑，颈背最黑，下体白色。虹膜褐色；嘴冬季黑色，夏季嘴基红色；脚偏红色，冬季较暗。

生态习性　栖息于河流、湖泊、沼泽、池塘及沿海海岸等生境。主要以小鱼、甲壳类、昆虫等小型动物为食。

地理分布　见于石塘。

保护及濒危等级　《中国生物多样性红色名录》：无危（LC）；《IUCN红色名录》：无危（LC）。

174. 乌燕鸥 *Onychoprion fuscatus* (Linnaeus, 1766)　　　　　鸥科 Laridae

英文名　Sooty Tern

识别特征　中等体型（体长 38~45cm）。尾深开叉。繁殖期翼下初级飞羽全黑色，与白色翼下覆羽对比明显；翼上前缘白色；尾羽深开叉；额白色，且不延至眼后；背黑色；尾羽分叉深且长。虹膜褐色；嘴黑色；脚黑色。

生态习性　栖息于海岸、岛屿岩石和砂石地上等生境。主要以鱼类、甲壳类等海洋动物为食，也捕食昆虫。

地理分布　见于城南。

保护及濒危等级　《中国生物多样性红色名录》：无危（LC）；《IUCN红色名录》：无危（LC）。

175. 褐翅燕鸥 *Onychoprion anaethetus* (Scopoli, 1786)　　　　　鸥科 Laridae

英文名　Bridled Tern

识别特征　中等体型的燕鸥（体长 36~41cm）。上翼、背及尾均为深褐灰色，下体白色。尾呈深叉形。繁殖期翅前缘白色，外侧尾羽白色，贯眼纹黑色。非繁殖期白色眉纹前延至前额，后延至眼后；额至枕黑色；上体及翅暗褐色。虹膜褐色；嘴黑色；脚黑色。

生态习性　栖息于海中岛屿、礁岩、海面漂浮物上，是典型的海洋鸟类。食物主要是鱼类、甲壳类和海洋软体类。

地理分布　见于石塘。

保护及濒危等级　浙江省重点保护野生动物；《中国生物多样性红色名录》：无危（LC）；《IUCN红色名录》：无危（LC）。

176. 灰翅浮鸥 *Chlidonias hybrida* (Pallas, 1811)　　　鸥科 Laridae

英文名　Whiskered Tern

识别特征　小型涉禽（体长 23~28cm）。繁殖期翅较短圆，额至枕黑色，尾羽略开叉，颊部白色，胸、腹部深灰色。非繁殖期额白色，头顶仅后部具黑色纵纹，枕黑色。下体白色，翼、颈背、背及尾上覆羽灰色。黑

色耳斑不超过眼下缘，翅尖明显超过尾尖。虹膜深褐色；嘴红色（繁殖期）或黑色；脚红色。

生态习性　栖息于湖泊、沼泽、池塘、水田、河口、滨海湿地等多种生境。主要以小鱼、虾、水生昆虫等动物为食，有时也吃水生植物。

地理分布　见于松门。

保护及濒危等级　《中国生物多样性红色名录》：无危（LC）；《IUCN红色名录》：无危（LC）。

177. 白翅浮鸥 *Chlidonias leucopterus* (Temminck, 1815)　　　鸥科 Laridae

英文名　White-winged Tern

识别特征　体小的燕鸥（体长 20~25cm）。尾浅开叉。繁殖期头、颈、背及胸黑色，翼上覆羽白色，翼下覆羽明显黑色；飞羽灰色，外侧初级飞羽深色；腰、尾白色。非繁殖期头顶具黑色纵纹，额偏白色；下体白色。

黑色耳斑延至眼下，并常和头顶黑斑相连；额、喉白色，杂有黑色斑点。虹膜深褐色；嘴红色（繁殖期）、黑色（非繁殖期）；脚橙红色。

生态习性　栖息于河流、湖泊、沼泽、池塘、水田等生境。主要以小鱼、虾、水生昆虫等为食，有时也在地上捕食蝗虫和其他昆虫。

地理分布　见于松门。

保护及濒危等级　《中国生物多样性红色名录》：无危（LC）；《IUCN红色名录》：无危（LC）。

178.白顶玄燕鸥 *Anous stolidus* (Linnaeus, 1758)

鸥科 Laridae

英文名 Brown Noddy

识别特征 中等体型（体长40~45cm）。凹形尾。除头顶近白色及眼圈白色外，体羽为深烟褐色。翅狭长，翼下色浅而边缘色深，对比较明显，尾羽长，合拢时显尖，展开时仅微开叉，与背部颜色近似。喙较粗。白色眼圈细、不完整，于眼后和眼前缺失；眼先黑色。额白色。初级飞羽短于尾羽或与之等长。虹膜褐色；嘴黑色；脚黑褐色。

生态习性 栖息于小型海岛或海岸礁石上。食物主要是鱼类、甲壳类和软体类。

地理分布 见于城南。

保护及濒危等级 《中国生物多样性红色名录》：无危（LC）；《IUCN红色名录》：无危（LC）。

一三、潜鸟目 GAVIIFORMES

179.红喉潜鸟 *Gavia stellata* (Pontoppidan, 1763)

潜鸟科 Gaviidae

英文名 Red-throated Loon

识别特征 体型最小的潜鸟（体长53~69cm）。繁殖期头顶、颊部及颈部均为灰黑色，喉部上方灰色，喉中部至胸部上方具明显的栗红色三角形斑块；体背至腰部及翼上覆羽灰黑色，体背及翼上覆羽散布白色斑点。非繁殖期颊部、喉部及颈侧白色，头顶至后颈灰褐色，体背白色斑点较明显。虹膜红色；嘴绿黑色；脚黑色。

生态习性 栖息于湖泊、河流、水塘、沿海海域等多种生境。主要以各种鱼类为食，也吃甲壳类、软体类、水生昆虫和其他水生无脊椎动物。

地理分布 见于松门。

保护及濒危等级 《中国生物多样性红色名录》：无危（LC）；《IUCN红色名录》：无危（LC）。

一四、鹱形目 PROCELLARIIFORMES

180. 褐燕鹱 *Bulweria bulwerii* (Jardine & Selby, 1828)　　鹱科 Procellariidae

英文名　Bulwer's Petrel

识别特征　体小的鹱（体长 26~30cm）。全身体羽黑褐色。翼上覆羽具浅色横纹。飞行时尾呈长楔形，显得长且尖，且尾羽不分叉。虹膜褐色；嘴黑色；脚偏粉色，具黑色蹼。

生态习性　栖息于海面上，是典型的海洋鸟类。主要以小鱼为食。

地理分布　历史资料记载，本次调查未见。

保护及濒危等级　《中国生物多样性红色名录》：数据缺乏（DD）；《IUCN红色名录》：无危（LC）。

一五、鹳形目 CICONIIFORMES

181. 东方白鹳 *Ciconia boyciana* Swinhoe, 1873　　鹳科 Ciconiidae

英文名　Oriental Stork

识别特征　体长 110~115cm。嘴粗壮，嘴基较厚，往尖端逐渐变细，嘴微向上翘。体羽主要为白色；翅上大覆羽、初级覆羽、初级飞羽和次级飞羽黑色，具绿色或紫色光泽。前颈下部有呈披针形的长羽。虹膜浅黄色；嘴黑色；脚红色。

生态习性　栖息于河流、湖泊、水塘、水渠岸边和沼泽等多种生境。主要以鱼为食，也吃蛙、小型啮齿类、蛇、蜥蜴、软体类、甲壳类、环节动物、昆虫以及雏鸟等。

地理分布　见于松门。

保护及濒危等级　国家一级重点保护野生动物；《中国生物多样性红色名录》：濒危（EN）；《IUCN红色名录》：濒危（EN）。

一六、鲣鸟目 SULIFORMES

182. 白斑军舰鸟 *Fregata ariel* (Gray, GR, 1845)　　军舰鸟科 Fregatidae

英文名　Lesser Frigatebird

识别特征　体大的军舰鸟（体长 66~81cm）。雄性全身近黑色，仅两胁及翼下基部具白色斑块，喉囊红色。雌性大部呈黑色，头近褐色，胸及腹部的凹形块白色，翼下基部有些白色，眼周裸皮粉红色或蓝灰色，颏黑色。虹膜褐色；嘴灰色；脚红黑色。

生态习性　栖息于海洋，通常成天在海面上空飞翔。主要以鱼类为食，也吃甲壳类和软体类。

地理分布　历史资料记载。

保护及濒危等级　国家二级重点保护野生动物；《中国生物多样性红色名录》：数据缺乏（DD）；《IUCN红色名录》：无危（LC）。

183. 绿背鸬鹚 *Phalacrocorax capillatus* (Temminck & Schlegel, 1849)　　鸬鹚科 Phalacrocoracidae

英文名　Japanese Cormorant

识别特征　体大的鸬鹚（体长约81cm）。两翼及背部具偏绿色光泽。繁殖期头及颈绿色且具光泽，头侧具稀疏的白色丝状羽，脸部白色块斑比普通鸬鹚大，腿也具白色块斑。非繁殖期体羽墨绿色，黑色羽缘不明显。嘴裂处黄色裸皮向后延伸成锐角。虹膜蓝色；嘴黄色；脚灰黑色。

生态习性　栖息于海中礁石或沿海石壁，偶尔见于河口的海湾等生境。主要以鱼为食。

地理分布　见于松门。

保护及濒危等级　《中国生物多样性红色名录》：数据缺乏（DD）；《IUCN红色名录》：无危（LC）。

184. 普通鸬鹚 *Phalacrocorax carbo* (Linnaeus, 1758)　　　鸬鹚科 Phalacrocoracidae

英文名　Great Cormorant

识别特征　大型水鸟（体长 77~94cm）。繁殖期全体基本呈黑色；头、颈和羽冠黑色，具紫绿色金属光泽；脸部有红色斑；两肩、背和翅覆羽铜褐色并具金属光泽，羽缘暗铜蓝色；尾圆形，灰黑色，羽干基部灰白色；下

体蓝黑色，缀金属光泽，下胁有一白色块斑。非繁殖期头、颈无白色丝状羽，两胁无白斑。幼鸟胸部色浅。虹膜蓝色；嘴黑色，下嘴基裸皮黄色；脚黑色。

生态习性　栖息于水库、河流、湖泊、沼泽、沿海岛屿等多种生境。以各种鱼类为食。主要通过潜水捕食。

地理分布　见于东部新区、城南。

保护及濒危等级　《中国生物多样性红色名录》：无危（LC）；《IUCN红色名录》：无危（LC）。

一七、鹈形目 PELECANIFORMES

185. 白琵鹭 *Platalea leucorodia* Linnaeus, 1758　　　鹮科 Threskiornithidae

英文名　Eurasian Spoonbill

识别特征　大型涉禽（体长 80~95cm）。长长的嘴灰色、呈琵琶形。体羽几乎全为白色。头具饰羽，头部裸出部位呈黄色。眼先和喙基之间仅有 1 条黑色线。眼先和颏部裸露，呈黄色。虹膜红色或黄色；嘴基灰色，嘴端黄色；脚近黑色。

生态习性　栖息于湿地、沼泽、沿海滩涂多种生境。主要以水生昆虫、蠕虫、甲壳类、软体类、蛙、蜥蜴、小鱼等动物为食，偶尔也吃少量植物性食物。

地理分布　见于东部新区、松门、城南。

保护及濒危等级　国家二级重点保护野生动物；《中国生物多样性红色名录》：近危（NT）；《IUCN红色名录》：无危（LC）。

186. 黑脸琵鹭 *Platalea minor* Temminck & Schlegel, 1849 　　鹮科 Threskiornithidae

英文名　Black-faced Spoonbill

识别特征　大型涉禽（体长 60~79cm）。体羽白色。后枕部有由长羽簇构成的羽冠。额至面部皮肤裸露、黑色。嘴长约 20cm，先端扁平，呈匙状。腿长约 12cm。繁殖期头部具明显淡黄色饰羽，颈下部、背部淡柠黄色，眼先黄色。非繁殖期前额至脸到喙基全为黑色。喙全黑色，喙尖无黄色。虹膜褐色；嘴黑色；腿及脚黑色。

生态习性　栖息于湖泊、水塘、河口、芦苇沼泽、稻田、沿海岛屿和沿海滩涂等生境。主要捕食鱼、虾、蟹、软体类，也吃水生昆虫和水生植物等。

地理分布　见于松门、城南。

保护及濒危等级　国家一级重点保护野生动物；《中国生物多样性红色名录》：濒危（EN）；《IUCN 红色名录》：濒危（EN）。

187. 彩鹮 *Plegadis falcinellus* (Linnaeus, 1766) 　　鹮科 Threskiornithidae

英文名　Glossy Ibis

识别特征　体型略小的涉禽（体长 49~66cm）。上体具绿色及紫色光泽。繁殖期前颊的上、下两侧至前额具白色至浅蓝色的细线，两翼具铜绿色金属光泽。虹膜褐色；嘴近黑色；脚绿褐色。

生态习性　栖息于湖泊、河流、水塘、稻田和海岸湿地等生境。主要以水生昆虫、甲壳类、软体类等小型无脊椎动物为食，也吃蛙、小鱼、小蛇等小型脊椎动物。

地理分布　见于坞根。

保护及濒危等级　国家一级重点保护野生动物；《中国生物多样性红色名录》：近危（NT）；《IUCN 红色名录》：无危（LC）。

188. 苍鹭 *Ardea cinerea* Linnaeus, 1758　　　　　　鹭科 Ardeidae

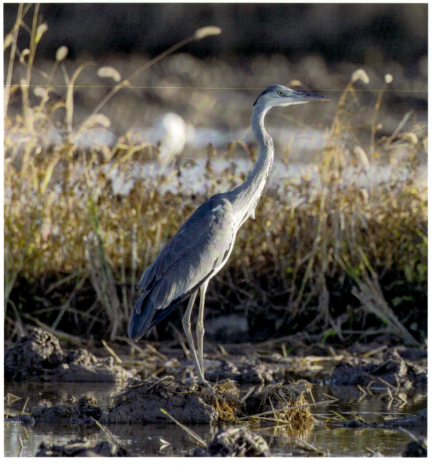

英文名　Grey Heron

识别特征　大型涉禽（体长92~99cm）。头顶中央和颈部白色，头侧、枕部和辫状羽冠黑色。上体自背至尾上覆羽苍灰色；两肩白色或近白色，有长尖而下垂的苍灰色羽毛。颏、喉白色；胸、腹白色。尾羽暗灰色。虹膜黄色；嘴黄绿色；脚偏黑色。

生态习性　栖息于河流、湖泊、滩涂及稻田等多种生境。主要以小型鱼类、虾、蜻蜓幼虫、蛙等为食，也会捕食老鼠、野兔、黄鼠狼等小型哺乳动物。

地理分布　见于新河、东部新区、箬横、松门、城南、坞根、滨海。

保护及濒危等级　《中国生物多样性红色名录》：无危（LC）；《IUCN红色名录》：无危（LC）。

189. 草鹭 *Ardea purpurea* Linnaeus, 1766　　　　　　鹭科 Ardeidae

英文名　Purple Heron

识别特征　大型涉禽（体长84~97cm）。顶冠黑色并具2道饰羽。颈细长，棕栗色；颈侧具黑色长纵纹。背及覆羽灰色，飞羽黑色，其余体羽红褐色。虹膜黄色；嘴褐色；脚红褐色。

生态习性　栖息于稻田、芦苇地、湖泊、溪流、水塘等生境。多以水生动物、昆虫为食。

地理分布　见于松门。

保护及濒危等级　《中国生物多样性红色名录》：无危（LC）；《IUCN红色名录》：无危（LC）。

190. 大白鹭 *Ardea alba* Linnaeus, 1758

鹭科 Ardeidae

英文名　Great Egret

识别特征　大型涉禽，是最大的鹭类（体长 90~98cm）。颈、脚甚长。全身洁白。嘴角有 1 条黑线（嘴裂）直达眼后。繁殖期脸颊裸皮蓝绿色；嘴黑色；腿部裸皮红色，脚黑色；肩、背部着生有 3 列长且直，羽枝呈分散状的蓑羽。非繁殖期脸颊裸皮黄色；嘴大部黄色，嘴端常为深色；脚及腿黑色。虹膜黄色。

生态习性　栖息于河流、湖泊、水田、海滨、河口及沼泽多种生境。以昆虫、甲壳类、软体类、小鱼、蛙、蜥蜴等动物性食物为食。

地理分布　见于新河、城南、温峤、箬横、滨海、松门、坞根、东部新区、石塘。

保护及濒危等级　《中国生物多样性红色名录》：无危（LC）；《IUCN 红色名录》：无危（LC）。

191. 中白鹭 *Ardea intermedia* Wagler, 1829

鹭科 Ardeidae

英文名　Intermediate Egret

识别特征　中型涉禽，大小介于大白鹭与白鹭之间（体长 62~70cm）。眼先黄色。喙尖黑色，嘴裂不延伸至眼后，嘴长且尖直。翅大且长。脚和趾均细长，胫部部分裸露，三趾在前一趾在后，中趾的爪上具梳状栉缘。体呈纺锤形。体羽疏松，具有丝状蓑羽，胸前有饰羽，头顶有的有羽冠，腿部被羽。全身白色。虹膜黄色；嘴基黄色，端褐色；腿及脚黑色。

生态习性　栖息于河流、湖泊、河口、海边、水塘岸边浅水处及河滩上，也常在沼泽和稻田中活动。主要以鱼、虾、蛙、昆虫等动物为食。

地理分布　见于箬横、大溪、泽国、城南。

保护及濒危等级　《中国生物多样性红色名录》：无危（LC）；《IUCN红色名录》：无危（LC）。

192. 白鹭 *Egretta garzetta* (Linnaeus, 1766)　　　　　　　　鹭科 Ardeidae

英文名　Little Egret

识别特征　中型涉禽（体长 55~68cm）。通体白色。繁殖期枕部着生 2 条狭长且软的矛状饰羽，如 2 条辫子；肩、背部着生羽枝分散的长蓑羽，一直向后伸展至尾端；羽干基部强硬，至羽端羽枝纤细、分散；前颈下部也有长的矛状饰羽，向下披至前胸。非繁殖期头部羽冠，肩、背和前颈之蓑羽或矛状饰羽均消失。虹膜黄色；脸部裸皮黄绿色，于繁殖期为淡粉色；嘴黑色；脚黑色，趾黄色。

生态习性　栖息于湖泊、溪流、水塘、水田、河口、水库、江河与沼泽地带。以昆虫、软体类、小鱼、蛙等动物性食物为食。

地理分布　见于温岭各乡镇（街道）。

保护及濒危等级　《中国生物多样性红色名录》：无危（LC）；《IUCN红色名录》：无危（LC）。

193. 黄嘴白鹭 *Egretta eulophotes* (Swinhoe, 1860)　　　　　　鹭科 Ardeidae

英文名　Chinese Egret

识别特征　中型涉禽（体长 65~68cm）。身体纤瘦、修长，嘴、颈、脚均很长。体羽白色。眼先裸皮淡蓝色至蓝色。下颈饰羽细长，贴覆在胸部。头后具长而密的饰羽。肩羽延伸至尾部但末端平齐。非繁殖期眼先裸皮浅蓝绿色，饰羽褪去。虹膜黄褐色；嘴大部黑色，下基部黄色；脚黄绿色至蓝绿色。

生态习性　栖息于沿海岛屿、海岸、海湾、河口，以及沿海的江河、湖泊、水塘、溪流、稻田和沼泽等生境。主要以各种小型鱼类为食，也吃虾、蟹、蝌蚪和水生昆虫等动物。

地理分布　见于石塘、城南、松门。

保护及濒危等级　国家一级重点保护野生动物；《中国生物多样性红色名录》：濒危（EN）；《IUCN红色名录》：易危（VU）。

194.岩鹭 *Egretta sacra* (Gmelin, JF, 1789)　　　　　　　　鹭科Ardeidae

英文名　Pacific Reef Heron

识别特征　体型略大（体长58~66cm）。有两种色型：灰色型或白色型。灰色型：喙灰褐色至暗黄色；颏至喉有一白色细纵纹；站姿较挺拔；跗跖短粗；通体暗石板灰色。白色型：眼先黄绿色；喙整体较粗壮；跗跖和趾都较粗壮；胫下部裸露部分少，显"腿短"；飞行时趾超出尾羽的部分也少。虹膜黄色；嘴浅黄色；脚绿色。

生态习性　栖息于多岩礁的海岛和海岸岩石上。以鱼类、甲壳类、昆虫和软体类等动物性食物为食。

地理分布　见于石塘。

保护及濒危等级　国家二级重点保护野生动物；《中国生物多样性红色名录》：无危（LC）；《IUCN红色名录》：无危（LC）。

195.牛背鹭 *Bubulcus ibis* (Linnaeus, 1758)　　　　　　　　鹭科Ardeidae

英文名　Eastern Cattle Egret

识别特征　中型涉禽（体长46~53cm）。体较其他鹭肥胖，嘴和颈亦明显较其他鹭短粗。繁殖期前颈基部和背中央具羽枝分散成发状的橙黄色长饰羽，前颈饰羽长达胸部，背部饰羽向后长达尾部，尾和其余体羽白色。

非繁殖期通体白色，个别头顶缀有黄色，无发丝状饰羽。虹膜黄色；嘴黄色；脚黑色。

生态习性　栖息于草地、湖泊、池塘、水库、耕地、沼泽等生境。主要以蝗虫、蟋蟀、螽斯、金龟甲等昆虫为食，也食蜘蛛、黄鳝、蚂蟥、蛙等动物。

地理分布　见于泽国、滨海、箬横、新河、松门、大溪、温峤、坞根、城南、横峰、城东、石桥头、东部新区。

保护及濒危等级　《中国生物多样性红色名录》：无危（LC）；《IUCN红色名录》：无危（LC）。

196. 池鹭 *Ardeola bacchus* (Bonaparte, 1855) 　　　　　　鹭科 Ardeidae

英文名　Chinese Pond Heron

识别特征　中型涉禽（体长 42~52cm）。繁殖期头、颈、前胸与胸侧栗红色；羽冠甚长，一直延伸到背部；背部羽毛呈披针形、蓝黑色，一直延伸到尾；尾短、白色；额、喉白色，下颈有长的栗褐色丝状羽悬垂于胸；腹部白色。非繁殖期头顶白色，颈淡皮黄色，背暗黄褐色，胸淡皮黄色，都具密集、粗的褐色条纹。虹膜褐色；嘴黄色，尖端黑色；腿及脚绿灰色。

生态习性　栖息于稻田、池塘、湖泊、水库、沼泽、湿地等水域，有时也见于水域附近的竹林和树林中。主要以小鱼、蟹、虾、蛙、昆虫为食，偶尔也吃少量植物性食物。

地理分布　见于温峤、箬横、大溪、横峰、城西、城东、泽国、城北、滨海、新河、石桥头、松门、东部新区、坞根、城南。

保护及濒危等级　《中国生物多样性红色名录》：无危（LC）；《IUCN红色名录》：无危（LC）。

197. 绿鹭 *Butorides striata* (Linnaeus, 1758) 　　　　　　鹭科 Ardeidae

英文名　Striated Heron

识别特征　中型涉禽（体长 35~48cm）。额、头顶、枕、羽冠和眼下纹绿黑色。眼先裸皮黄绿色。羽冠从枕前部一直延伸到后枕下部。后颈、颈侧及颊纹灰色。额、喉白色。背及两肩披有窄长的青铜绿色矛状羽，向后直达尾部，所有矛状羽均具有细的灰白色羽干纹。腰至尾上覆羽暗灰色。尾黑色，具青铜绿色光泽。胸、腹部中央白色。两胁灰色。尾下覆羽灰白色。虹膜黄色；嘴黑色；脚偏绿色。

生态习性　栖息于山区沟谷、河流、湖泊、水库林缘与灌木草丛中。主要以鱼为食，也吃蛙、蟹、虾、水生昆虫和软体类。

地理分布　见于大溪。

保护及濒危等级　《中国生物多样性红色名录》：无危（LC）；《IUCN红色名录》：无危（LC）。

198. 夜鹭 *Nycticorax nycticorax* (Linnaeus, 1758) 鹭科 Ardeidae

英文名 Black-crowned Night Heron

识别特征 中型涉禽（体长 58~65cm）。体较粗胖，颈较短。额、头顶、枕、羽冠、后颈、肩和背绿黑色且具金属光泽；额基和眉纹白色；枕部着生 2~3 条长带状白色饰羽并下垂至背上；腰、两翅和尾羽灰色；颏、喉白色；颊、颈侧、胸和两胁淡灰色；腹白色。虹膜亚成鸟黄色，成鸟鲜红色；嘴黑色；脚污黄色。幼鸟嘴先端黑色，基部黄绿色；虹膜黄色，眼先绿色；脚黄色。

生态习性 栖息于溪流、水塘、江河、沼泽和水田等生境。主要以鱼、虾、水生昆虫等动物性食物为食。

地理分布 见于温岭各乡镇（街道）。

保护及濒危等级 《中国生物多样性红色名录》：无危（LC）；《IUCN红色名录》：无危（LC）。

199. 黄斑苇鳽 *Ixobrychus sinensis* (Gmelin, JF, 1789) 鹭科 Ardeidae

英文名 Yellow Bittern

识别特征 体小的涉禽（体长 30~40cm）。顶冠黑色，上体淡黄褐色，下体皮黄色，黑色的飞羽与皮黄色的覆羽成强烈对比。雄性头近黑色，瞳孔圆形；雌性背具暗色斑块，头顶颜色较浅。虹膜黄色；眼周裸皮黄绿色；嘴绿褐色；脚黄绿色。

生态习性 栖息于湖泊、水库、水塘、沼泽、芦苇丛及稻田中。主要以小鱼、虾、蛙、水生昆虫等动物性食物为食。

地理分布 见于松门。

保护及濒危等级 《中国生物多样性红色名录》：无危（LC）；《IUCN红色名录》：无危（LC）。

200. 栗苇鳽 *Ixobrychus cinnamomeus* (Gmelin, JF, 1789)　　　鹭科 Ardeidae

英文名　Cinnamon Bittern

识别特征　体型略小的涉禽（体长 40~41cm）。成年雄性上体栗色，下体黄褐色，喉及胸具由黑色纵纹组成的中线，两胁具黑色纵纹，颈侧具偏白色纵纹，繁殖期嘴基、脸颊红色。成年雌性色暗，背偏栗红色；背部斑点沾褐色，不显著；尾羽和飞羽栗红色。亚成鸟下体具纵纹及横斑，上体具点斑。虹膜黄色；嘴基部裸皮橘黄色，嘴黄色；脚绿色。

生态习性　栖息于沼泽、水塘、溪流、稻田及水塘附近的小灌木上。主要以小鱼、虾、蛙、水生昆虫等动物性食物为食，有时也吃少量植物性食物。

地理分布　见于松门。

保护及濒危等级　《中国生物多样性红色名录》：无危（LC）；《IUCN红色名录》：无危（LC）。

201. 大麻鳽 *Botaurus stellaris* (Linnaeus, 1758)　　　鹭科 Ardeidae

英文名　Eurasian Bittern

识别特征　体大的涉禽（体长 64~78cm）。额、头顶和枕部黑色。颏及喉白且其边缘接明显的黑色颊纹。头侧金色。其余体羽多具黑色纵纹及杂斑。飞行时具褐色横斑的飞羽，与金色的覆羽及背部成对比。虹膜黄色；嘴黄色；脚绿黄色。

生态习性　栖息于河流、湖泊、池塘边的芦苇丛、沼泽和草地多种生境。主要以小鱼、虾、蛙、水生昆虫等动物性食物为食。

地理分布　见于松门。

保护及濒危等级　《中国生物多样性红色名录》：无危（LC）；《IUCN红色名录》：无危（LC）。

一八、鹰形目 ACCIPITRIFORMES

202. 鹗 *Pandion haliaetus* (Linnaeus, 1758)　　　　鹗科 Pandionidae

英文名　Western Osprey

识别特征　中等体型的猛禽（体长 56~62cm）。头及下体白色。具黑色贯眼纹。上体多暗褐色。深色的短羽冠可竖立。胸部褐色羽毛形成胸带。翼呈 M 形，翼指 5 枚，翼下覆羽和腹部形成白色三角形。虹膜黄色；嘴黑色，蜡膜灰色；裸露跗跖及脚灰色。

生态习性　栖息于河流、湖泊、水库、海岸、岛屿等鱼类丰富的水域。主要以鱼类为食，有时也捕食蛙、蜥蜴、小型鸟类等小型动物。是世界上唯一可以全身冲入水中抓鱼的猛禽。

地理分布　见于城南、太平、石塘。

保护及濒危等级　国家二级重点保护野生动物；《中国生物多样性红色名录》：近危（NT）；《IUCN 红色名录》：无危（LC）。

203. 黑冠鹃隼 *Aviceda leuphotes* (Dumont, 1820)　　　　鹰科 Accipitridae

英文名　Black Baza

识别特征　体型略小的猛禽（体长 28~35cm）。飞翔时翅阔且圆。上体蓝黑色。头顶有长且竖直的蓝黑色羽冠。喉和颈黑色。翅和肩有白斑。上胸有 1 道宽阔的星月形白斑，下胸和腹侧带有宽阔的白色和栗色横斑；腹中央、腿覆羽和尾下覆羽黑色；从上面看通体黑色，初级飞羽上有宽阔且显著的白色横带。虹膜红色；嘴角质色，蜡膜灰色；脚深灰色。

生态习性　栖息于平原、村庄、林缘田间及森林地带。主要以蝗虫、蚱蜢、蝉、蚂蚁等昆虫为食，也吃蝙蝠、鼠、蜥蜴、蛙等小型脊椎动物。

地理分布　见于大溪。

保护及濒危等级　国家二级重点保护野生动物；《中国生物多样性红色名录》：近危（NT）；《IUCN 红色名录》：无危（LC）。

204.凤头蜂鹰 *Pernis ptilorhynchus* (Temminck, 1821)   鹰科 Accipitridae

英文名 Oriental Honey Buzzard

识别特征 体型略大的猛禽（体长 57~61cm）。头顶暗褐色至黑褐色。头侧具有短、硬的鳞片状且较为厚密的羽毛，是其独有的特征之一。头的后枕部通常具有短的黑色羽冠。上体通常为黑褐色，头侧为灰色，喉部白色；下体为棕褐色，满布点斑和黑色横纹。虹膜橘黄色；嘴灰色；脚黄色。眼先羽呈鳞片状为其特征性状。

生态习性 栖息于阔叶林、针叶林和混交林中，有时也到林外村庄、农田和果园等小林内活动。捕食鼠类、小型爬行类及昆虫等动物性食物，嗜食蜂蜜、蜂蛹。

地理分布 见于石桥头、石塘。

保护及濒危等级 国家二级重点保护野生动物；《中国生物多样性红色名录》：近危（NT）；《IUCN红色名录》：无危（LC）。

205.黑翅鸢 *Elanus caeruleus* (Desfontaines, 1789)   鹰科 Accipitridae

英文名 Black-winged Kite

识别特征 体小的猛禽（体长 31~37cm）。具黑色的肩部斑块及长的初级飞羽。成鸟头顶、背、尾基部灰色，脸、颈及下体白色。上翼面为灰色飞羽和黑色覆羽，下翼面为黑色飞羽和白色覆羽。是唯一一种振羽停于空中寻找猎物的白色鹰类。亚成鸟背淡黄褐色，上体具白斑。虹膜红色；嘴黑色，蜡膜黄色；脚黄色。

生态习性 栖息于林中、林缘、农田、疏林等多种生境。主要以鼠类、昆虫、小鸟、野兔、昆虫、爬行动物等为食。

地理分布 见于温峤、松门、东部新区、坞根、滨海。

保护及濒危等级 国家二级重点保护野生动物；《中国生物多样性红色名录》：近危（NT）；《IUCN红色名录》：无危（LC）。

206.蛇雕 *Spilornis cheela* (Latham, 1790)　　　　　　　　　鹰科 Accipitridae

英文名 Crested Serpent Eagle

识别特征 中等体型的深色雕（体长 65~74cm）。上体暗褐色或灰褐色，有较窄的白色羽缘。头顶黑色，长有显著的黑色扇形羽冠，其上披有白色横斑。尾黑色，尾上覆羽尖端白色，中间有1道宽阔的灰白色横带和窄的白色端斑；翼指6枚。喉、胸灰褐色或黑色，布有暗褐色虫蠹状斑；其余下体皮黄色或棕褐色，带有白色细斑点。虹膜黄色；嘴灰褐色；脚黄色。

生态习性 栖息于山地森林及其林缘开阔地带。主要以各种蛇类为食，也吃蜥蜴类、蛙类、鼠类、鸟类和甲壳类。

地理分布 见于城南、城东。

保护及濒危等级 国家二级重点保护野生动物；《中国生物多样性红色名录》：近危（NT）；《IUCN红色名录》：无危（LC）。

207.白腹鹞 *Circus spilonotus* Kaup, 1847　　　　　　　　　鹰科 Accipitridae

英文名 Eastern Marsh Harrier

识别特征 中等体型的鹞（体长 48~58cm）。雄性喉及胸黑色，并满布白色纵纹。雌性尾上覆羽褐色或有时浅色。体羽深褐色，头顶、颈背、喉及前翼缘皮黄色，头顶及颈背具深褐色纵纹；尾具横斑；从下看初级飞羽基部的近白色斑块上具深色粗斑。虹膜雄性黄色，雌性及幼鸟浅褐色；嘴灰色；脚黄色。

生态习性 栖息于沼泽、江河、湖泊、芦苇荡等多种生境。主要以小型鸟类、鼠类、蛙、蜥蜴、昆虫等动物性食物为食。

地理分布 见于坞根、松门、城南、新河。

保护及濒危等级 国家二级重点保护野生动物；《中国生物多样性红色名录》：近危（NT）；《IUCN红色名录》：无危（LC）。

208. 白尾鹞 *Circus cyaneus* (Linnaeus, 1766)　　　　鹰科 Accipitridae

英文名　Hen Harrier

识别特征　体型略大的鹞（体长 43~54cm）。具显眼的白色腰部及黑色翼尖，胸、腹部多纵纹。雄性头灰色，腹白色，次级飞羽上的黑色横斑不显著，黑色翼尖长。雌性褐色，领环色浅，头部色彩平淡且翼下覆羽无赤褐色横斑。深色的后翼缘延伸至翼尖，次级飞羽色浅。虹膜浅褐色；嘴灰色；脚黄色。

生态习性　栖息于淡水沼泽、江河、湖泊、草原、农田、沿海湿地等生境。主要以小型鸟类、鼠类、蛙、蜥蜴、大型昆虫等动物性食物为食。

地理分布　见于松门。

保护及濒危等级　国家二级重点保护野生动物；《中国生物多样性红色名录》：近危（NT）；《IUCN红色名录》：无危（LC）。

209. 凤头鹰 *Accipiter trivirgatus* (Temminck, 1824)　　　　鹰科 Accipitridae

英文名　Crested Goshawk

识别特征　体大的强健鹰类（体长 40~48cm）。头前额至后颈鼠灰色，有显著的与头同色的羽冠，其余上体褐色。尾上有 4 道宽阔的暗色横斑。喉白色，有显著的黑色中央纹；胸棕褐色，带有白色纵纹；其余下体白色，带有窄的棕褐色横斑。尾下覆羽白色。飞翔时翅短圆，后缘凸出，翼下飞羽有数条宽阔的黑色横带。虹膜褐色至绿黄色；嘴灰色，蜡膜黄色；腿及脚黄色。

生态习性　栖息于森林和林缘地带，也出现在竹林、平原和村庄附近。主要以蛙、蜥蜴、鼠、昆虫、小鸟等动物性食物为食。

地理分布　见于大溪、温峤、城西、城南、新河。

保护及濒危等级　国家二级重点保护野生动物；《中国生物多样性红色名录》：近危（NT）；《IUCN红色名录》：无危（LC）。

210. 赤腹鹰 *Accipiter soloensis* (Horsfield, 1821)　　　鹰科 Accipitridae

英文名　Chinese Goshawk、Chinese Sparrowhawk

识别特征　中等体型的鹰类（体长 25~35cm）。雄性头至背蓝灰色；翼和尾灰褐色，外侧尾羽有 4~5 条暗色横斑；颏、喉乳白色；胸和两胁淡红褐色，下胸分布有少数不明显的横斑；腹中央和尾下覆羽白色；翼指 4 枚，黑色翼尖与白色翼下覆羽对比鲜明，翼窄长。雌性似雄性，但体色稍深，胸棕色较浓，且具有较多的灰色横斑。虹膜红色或褐色；嘴大部灰色，端黑色，蜡膜橘黄色；脚橘黄色。

生态习性　栖息于森林和林缘地带，也出现在竹林、平原、农田和村庄附近。主要以蛙、蜥蜴、鼠、昆虫等动物性食物为食。

地理分布　见于大溪。

保护及濒危等级　国家二级重点保护野生动物；《中国生物多样性红色名录》：无危（LC）；《IUCN红色名录》：无危（LC）。

211. 日本松雀鹰 *Accipiter gularis* (Temminck & Schlegel, 1844)　　　鹰科 Accipitridae

英文名　Japanese Sparrowhawk

识别特征　体小的鹰类（体长 23~30cm）。外形甚似赤腹鹰及松雀鹰，但体型明显较小且更显威猛，尾上横斑较窄。雄性上体深灰色；尾灰色，并具几条深色带；胸浅棕色；腹部具非常细密的横纹，无明显的髭纹；胁浅粉褐色。雌性上体褐色；下体少棕色，但具浓密的褐色横斑。虹膜黄色（亚成鸟）至红色（成鸟）；嘴大部蓝灰色，端黑色，蜡膜绿黄色；脚绿黄色。

生态习性　栖息于平原、农田地边、村庄附近、林缘、河谷等生境。主要以鸟、昆虫、鼠等为食，也捕食野兔、蛇等动物。

地理分布　见于松门、石塘。

保护及濒危等级　国家二级重点保护野生动物；《中国生物多样性红色名录》：无危（LC）；《IUCN红色名录》：无危（LC）。

212.松雀鹰 *Accipiter virgatus* (Temminck, 1822)　　　　　　　　鹰科 Accipitridae

英文名　Besra

识别特征　小型猛禽（体长 25~36cm）。雄性整个头顶至后颈石板黑色，头顶缀有棕褐色；眼先白色；头侧、颈侧和其余上体暗灰褐色；颈项和后颈基部白色；肩有白斑；尾和尾上覆羽灰褐色，尾具 4 道黑褐色横斑。颏和喉白色，具有 1 条宽阔的黑褐色中央纵纹；胸和两胁白色，具宽且粗著的灰栗色横斑；腹白色，具灰褐色横斑。雌性与雄性相似，但上体褐色更浓，头暗褐色；下体白色，喉部中央具宽的黑色中央纹。虹膜黄色；嘴黑色，蜡膜灰色；腿及脚黄色。

生态习性　栖息于针叶林、阔叶林、混交林、草地和果园等多种生境。主要捕食小型鸟类、昆虫、蜥蜴、鼠等动物。

地理分布　见于松门、城南、新河。

保护及濒危等级　国家二级重点保护野生动物；《中国生物多样性红色名录》：无危（LC）；《IUCN红色名录》：无危（LC）。

213.雀鹰 *Accipiter nisus* (Linnaeus, 1758)　　　　　　　　鹰科 Accipitridae

英文名　Eurasian Sparrowhawk

识别特征　中等体型且翼短的鹰类（体长 30~40cm）。雄性上体褐灰色，白色的下体上多具棕色横斑，尾具横带；脸颊棕色为鉴别特征。雌性体型较大，上体褐色，下体白色，胸、腹部及腿上具灰褐色横斑，无喉中线，脸颊棕色较少。虹膜艳黄色；嘴肉色，端黑色；脚黄色。

生态习性　栖息于针叶林、阔叶林、混交林、农田、果园和村庄附近等多种生境。主要以鸟、昆虫和鼠类等为食，也捕野兔、蛇等动物。

地理分布　见于松门。

保护及濒危等级　国家二级重点保护野生动物；《中国生物多样性红色名录》：无危（LC）；《IUCN红色名录》：无危（LC）。

214. 灰脸鵟鹰 *Butastur indicus* (Gmelin, JF, 1788)　鹰科 Accipitridae

英文名　Grey-faced Buzzard

识别特征　中等体型的鵟鹰（体长 39~48cm）。额及喉为明显白色，具黑色的顶纹及髭纹。头侧近黑色。上体褐色，具近黑色的纵纹及横斑；胸褐色，具黑色细纹。下体后半部具明显棕色横纹。翼指 5 枚。尾细长；尾上覆羽白色，具暗褐色横斑；尾羽暗灰褐色，具黑褐色宽阔横斑。虹膜黄色；嘴黑色，蜡膜黄色；脚黄色。

生态习性　栖息于阔叶林、针阔叶混交林、针叶林边缘及空旷田野等生境。主要食物有啮齿目动物、小鸟、蛇、蜥蜴、蛙和各种昆虫等。

地理分布　见于大溪、温峤。

保护及濒危等级　国家二级重点保护野生动物；《中国生物多样性红色名录》：近危（NT）；《IUCN红色名录》：无危（LC）。

215. 普通鵟 *Buteo japonicus* Temminck & Schlegel, 1844　鹰科 Accipitridae

英文名　Common Buzzard、Eastern Buzzard

识别特征　体型略大的鵟（体长 42~54cm）。体色变化较大；上体主要为暗褐色，下体主要为淡褐色，带有深棕色横斑或纵纹；尾淡灰褐色，有多道暗色横斑。两翼宽阔，初级飞羽基部有明显的白斑，翼下白色，仅翼尖、翼角和飞羽外缘黑色（淡色型）或全为黑褐色（深色型），尾散开成扇形。翱翔时两翅微向上举成浅 V 形，野外特征明显。虹膜黄色至褐色；嘴大部灰色，端黑色，蜡膜黄色；脚黄色。

生态习性　栖息于平原、农田、林缘、草地和村庄附近等多种生境。主要食物有啮齿目动物、小鸟、蛇、蜥蜴、蛙和各种昆虫等，有时也到村庄附近捕食鸡、鸭等家禽。

地理分布　见于松门、石塘、石桥头、大溪、温峤、坞根、泽国、城南、东部新区、新河。

保护及濒危等级　国家二级重点保护野生动物；《中国生物多样性红色名录》：无危（LC）；《IUCN红色名录》：无危（LC）。

216. 大鵟 *Buteo hemilasius* Temminck & Schlegel, 1844　　鹰科 Accipitridae

英文名　Upland Buzzard

识别特征　体大的鵟（体长 57~60cm）。翼具明显的浅色翅窗。有淡色型、暗色型和中间型等类型，其中以淡色型较为常见。尾上偏白并常具横斑，腿深色，次级飞羽具清晰的深色条带。浅色型具深棕色的翼缘。深色型初级飞羽下方的白色斑小。尾常为褐色，而非棕色，先端灰白色。跗跖的前面通常被羽毛。虹膜黄色或偏白；嘴蓝灰色，蜡膜黄绿色；脚黄色。

生态习性　栖息于山区森林、林缘、平原、农田、芦苇沼泽、村庄，甚至城市附近等生境。主要以啮齿目、蛙、蜥蜴、野兔、蛇、黄鼠狼、雉鸡、昆虫等动物性食物为食。

地理分布　见于坞根。

保护及濒危等级　国家二级重点保护野生动物；《中国生物多样性红色名录》：易危（VU）；《IUCN红色名录》：无危（LC）。

217. 林雕 *Ictinaetus malaiensis* (Temminck, 1822)　　鹰科 Accipitridae

英文名　Black Eagle

识别特征　体大的雕（体长 67~81cm）。通体为黑褐色，跗跖被羽。翼指 7 枚；翼尖超过尾端；翼宽长、平直，呈长方形。方尾，尾较长且窄。飞翔时两翅宽长，翅基较窄，后缘略为凸出，尾上有多条淡色横斑和宽阔的黑色端斑。冬季初级飞羽基部有淡灰白色带。虹膜褐黄色；嘴大部黑色，端灰色，蜡膜黄色；脚黄色。

生态习性　栖息于阔叶林、混交林及林缘等生境。主要以鼠类、蛇类、雉鸡、蛙、蜥蜴、小鸟、鸟蛋以及昆虫等动物性食物为食。

地理分布　见于大溪、城南。

保护及濒危等级　国家二级重点保护野生动物；《中国生物多样性红色名录》：近危（NT）；《IUCN红色名录》：无危（LC）。

218. 白腹隼雕 *Aquila fasciata* Vieillot, 1822　　　　鹰科 Accipitridae

英文名　Bonelli's Hawk Eagle

识别特征　体大的雕（体长 55~67cm）。成鸟上体自头顶至尾上覆羽大多暗褐色。翼指 6 枚。尾羽羽干纹黑褐色，羽基白色，尾上覆羽杂以白色波纹；尾羽灰色，布有黑褐色的宽阔次端斑和狭窄的波状横斑，外侧尾羽内翈缀以白斑；飞羽黑褐色，外翈沾灰色，内翈基部杂以白色波纹。下体白色，有黑褐色羽干纹。尾下覆羽及覆腿羽淡褐色，羽干纹黑褐色。跗跖全部被羽。虹膜黄褐色；嘴灰色，蜡膜黄色；脚黄色。

生态习性　栖息于森林中的悬崖和河谷岸边的岩石上，以及海岸、平原、沼泽等生境。主要以鸟、昆虫和鼠等为食，也捕野兔、蛇等动物。

地理分布　见于松门。

保护及濒危等级　国家二级重点保护野生动物；《中国生物多样性红色名录》：易危（VU）；《IUCN红色名录》：无危（LC）。

一九、鸮形目 STRIGIFORME

219. 领角鸮 *Otus lettia* (Hodgson, 1836)　　　　鸱鸮科 Strigidae

英文名　Collared Scops Owl

识别特征　体型略大（体长 23~25cm）。具明显耳羽簇及特征性的浅沙色颈圈。脸盘有明显的深褐色边缘。通体灰褐色或棕褐色，并多具黑色及皮黄色的杂纹或斑块。肩部有 1 排浅皮黄色的三角形斑点。腹部具深色细纵纹。趾不被羽。下体皮黄色，条纹黑色。虹膜深褐色；嘴黄色；脚污黄色。

生态习性　栖息于阔叶林、混交林，也出现于林缘和村庄附近等生境。主要以鼠类、甲虫、蝗虫和鞘翅目昆虫等为食。

地理分布　见于温峤、城南、大溪。

保护及濒危等级　国家二级重点保护野生动物；《中国生物多样性红色名录》：无危（LC）；《IUCN红色名录》：无危（LC）。

220. 斑头鸺鹠 *Glaucidium cuculoides* (Vigors, 1830)

鸱鸮科 Strigidae

英文名 Asian Barred Owlet

识别特征 体小的鸺鹠（体长 22~26cm）。成鸟上体、头、颈呈暗褐色，并密布棕白色细横斑，头顶的横斑细且密；部分肩羽及大覆羽的外翈有大的白斑；尾羽及外侧飞羽稍黑；尾羽上有 6 道明显的白色横斑，尾端亦缀白色；尾下覆羽纯白色；上喉中央有 1 块与颈色相似的斑；下腹白色，两侧杂以褐色粗纵纹。虹膜黄褐色；嘴大部偏绿色，嘴端黄色；脚绿黄色。

生态习性 栖息于阔叶林、混交林、次生林和林缘灌丛，也出现于村庄和农田附近的疏林、树上。嗜吃昆虫及鼠，偶尔捕食小鸟、蜥蜴、蛙等小动物。

地理分布 见于滨海、松门、大溪、石桥头。

保护及濒危等级 国家二级重点保护野生动物；《中国生物多样性红色名录》：无危（LC）；《IUCN红色名录》：无危（LC）。

221. 长耳鸮 *Asio otus* (Linnaeus, 1758)

鸱鸮科 Strigidae

英文名 Long-eared Owl

识别特征 中等体型（体长 33~40cm）。长耳鸮的辨识特征主要集中在面部，耳鸮属鸟类的面盘大多非常明显。皮黄色圆面盘缘以褐色及白色，具两只长长的"耳朵"。眼红黄色。嘴以上的面盘中央部位具明显的白色X形。上体褐色，具暗色块斑及皮黄色、白色的点斑。下体皮黄色，具棕色杂纹及褐色纵纹或斑块。虹膜橙黄色；嘴角质灰色；脚偏粉。

生态习性 栖息于针叶林、针阔叶混交林中，有时亦在阔叶林、城市公园、果园、村庄附近活动。食物以各种鼠类为主，也吃小型鸟类及蝙蝠等动物。

地理分布 见于石塘。

保护及濒危等级 国家二级重点保护野生动物；《中国生物多样性红色名录》：无危（LC）；《IUCN红色名录》：无危（LC）。

222. 短耳鸮 *Asio flammeus* (Pontoppidan, 1763)　　　　鸱鸮科 Strigidae

英文名　Short-eared Owl

识别特征　中等体型（体长 35~40cm）。翼长，面盘显著，短小的耳羽簇不显露，眼为鲜艳的黄色，眼圈暗色。上体黄褐色，满布黑色和皮黄色纵纹。下体皮黄色，具深褐色纵纹。飞行时黑色的翅中部斑显而易见。虹膜黄色；嘴深灰色；脚偏白。

生态习性　栖息于平原、沼泽、湖岸和草地等各类生境中。主要以鼠类为食，也吃小鸟、蜥蜴、昆虫等，偶尔吃植物的果实和种子。

地理分布　历史资料记载。

保护及濒危等级　国家二级重点保护野生动物；《中国生物多样性红色名录》：近危（NT）；《IUCN 红色名录》：无危（LC）。

223. 草鸮 *Tyto longimembris* (Jerdon, 1839)　　　　草鸮科 Tyonidae

英文名　Eastern Grass Owl

识别特征　中型（体长 35~44cm）。翼展 116cm。上体暗褐色，具棕黄色斑纹，背部斑点白色。面盘灰棕色，呈心形，有暗栗色边缘。飞羽黄褐色，有暗褐色横斑。尾羽浅黄栗色，有 4 道暗褐色横斑。下体淡棕白色，具褐色斑点。虹膜褐色；嘴米黄色；脚略白。

生态习性　夜行性。栖息于林中、林缘、沼泽地、芦苇丛及草地。以鼠类、小型鸟类、蛙、蛇等动物为食。

地理分布　历史资料记载。

保护及濒危等级　国家二级重点保护野生动物；《中国生物多样性红色名录》：近危（NT）；《IUCN 红色名录》：无危（LC）。

二〇、犀鸟目 BUCEROTIFORMES

224. 戴胜 *Upupa epops* Linnaeus, 1758
戴胜科 Upupidae

英文名 Eurasian Hoopoe

识别特征 中等体型（体长25~31cm）。色彩鲜明。具长而尖黑的、耸立的粉棕色丝状羽冠。羽冠顶端有黑斑，羽冠平时倒伏不显，竖直时像1把打开的折扇，冠能耸起。头、上背、肩及下体粉棕色，两翼及尾具黑白相间的条纹。嘴长且下弯。虹膜褐色；嘴黑色；脚黑色。

生态习性 栖息于平原、林区、草地、农田、村边、果园，甚至石滩。捕食昆虫、蚯蚓、蜘蛛、螺类等动物。

地理分布 见于坞根、松门、城南、新河。

保护及濒危等级 浙江省重点保护野生动物；《中国生物多样性红色名录》：无危（LC）；《IUCN红色名录》：无危（LC）。

二一、佛法僧目 CORACIIFORMES

225. 蓝喉蜂虎 *Merops viridis* Linnaeus, 1758
蜂虎科 Meropidae

英文名 Blue-throated Bee-eater

识别特征 中等体型的蜂虎，被誉为"中国最美的小鸟"（体长21~32cm）。额至上背均为亮深栗色。下背至尾上覆羽淡蓝色。中央尾羽铜绿色，羽干大多褐色而端部白色；最外侧尾羽的外翈黑褐色，羽缘黑褐色。眼先、眼的下方及耳羽均为黑褐色。颏、喉、两颊蓝色，但颊部稍淡。胸辉绿色，向后渐淡，至尾下覆羽白沾蓝色。胁羽和翼下覆羽深棕色，两胁杂以褐色。虹膜红色或褐色；嘴黑色；脚灰色或褐色。

生态习性 栖息于林中、林缘、河岸、农田和果园等多种生境。主要以各种蜂类为食，也吃其他昆虫。

地理分布 见于松门。

保护及濒危等级 国家二级重点保护野生动物；《中国生物多样性红色名录》：无危（LC）；《IUCN红色名录》：无危（LC）。

226. 三宝鸟 *Eurystomus orientalis* (Linnaeus, 1766) 佛法僧科Coraciidae

英文名 Oriental Dollarbird

识别特征 中等体型（体长 26~32cm）。成鸟头部大而宽阔，头顶扁平。头至颈黑褐色。后颈、上背、肩、下背、腰和尾上覆羽暗铜绿色。两翅覆羽鲜亮而多蓝色。初级、次级飞羽黑褐色，外翈带深蓝色光泽；三级飞羽基部蓝绿色。尾黑色。颏黑色。喉和胸黑色，沾蓝色，具钴蓝色横纹；其余下体蓝绿色。虹膜褐色；嘴大部珊瑚红色，端黑色；脚橘黄色、红色。

生态习性 栖息于阔叶林、针阔叶混交林、林缘等生境。食物以绿色金龟子、天牛、叩头虫等甲虫为主，也吃蝗虫。

地理分布 见于太平。

保护及濒危等级 浙江省重点保护野生动物；《中国生物多样性红色名录》：无危（LC）；《IUCN红色名录》：无危（LC）。

227. 普通翠鸟 *Alcedo atthis* (Linnaeus, 1758) 翠鸟科Alcedinidae

英文名 Common Kingfisher

识别特征 体型小的翠鸟（体长 15~18cm）。雄性前额、头顶、枕和后颈黑绿色，密被翠蓝色细窄横斑；眼先和贯眼纹黑褐色；上体金属浅蓝绿色，颈侧具白色点斑；下体大部橙棕色；颏白色；胸灰棕色；腹至尾下覆羽红棕色或棕栗色。雌性上体羽色较雄性稍淡，多蓝色，少绿色；头顶不为绿褐色，而呈灰蓝色；胸、腹棕红色。虹膜褐色；嘴大部黑色（雄性），下嘴橘黄色（雌性）；脚红色。

生态习性 栖息于林区溪流、平原河谷、水库、水塘，甚至水田边。主要以小型鱼类、虾等水生动物为食。

地理分布 见于城南、大溪、滨海、箬横、温峤、城西、城北、石桥头、坞根、横峰、泽国、新河。

保护及濒危等级 《中国生物多样性红色名录》：无危（LC）；《IUCN红色名录》：无危（LC）。

228. 白胸翡翠 *Halcyon smyrnensis* (Linnaeus, 1758) 翠鸟科 Alcedinidae

英文名 White-throated Kingfisher

识别特征 体略大的翡翠鸟（体长 26.5~29.5cm）。成鸟头、颈部深栗色；颏部至胸部为白色；肩背、尾上覆羽及尾羽蓝色；小覆羽栗色，中覆羽黑色，大覆羽、初级飞羽和次级飞羽蓝色；初级飞羽末端黑色，基部白色；翼下覆羽、腹部至尾下覆羽深栗色。虹膜深褐色；嘴深红色；脚红色。

生态习性 栖息于池塘、水库、沼泽、稻田、鱼塘、平原河流、湖泊岸边、海岸或村庄附近的水域。食物以蟋蟀、蜘蛛、蝎子、蜗牛等无脊椎动物为主，也吃鱼、蛇、蜥蜴等小型脊椎动物。

地理分布 见于松门。

保护及濒危等级 国家二级重点保护野生动物；《中国生物多样性红色名录》：无危（LC）；《IUCN红色名录》：无危（LC）。

229. 蓝翡翠 *Halcyon pileata* (Boddaert, 1783) 翠鸟科 Alcedinidae

英文名 Black-capped Kingfisher

识别特征 中型鸟类（体长 26~31cm）。额、头顶、枕部黑色。后颈白色，向两侧延伸，与喉、胸部白色相连，形成一宽阔的白色领环。眼下有一白色斑。背、腰、尾上覆羽为钻蓝色，羽轴黑色。翅上覆羽黑色，形成一大块黑斑。额、喉、颈侧、颊和上胸白色，胸以下包括腋羽和翼下覆羽橙棕色。虹膜深褐色；嘴红色；脚红色。

生态习性 栖息于林中溪流、平原、河流、水塘、沼泽等多种生境。主要以鱼为食，也吃虾、蟹和昆虫。

地理分布 见于石桥头。

保护及濒危等级 《中国生物多样性红色名录》：无危（LC）；《IUCN红色名录》：易危（VU）。

230.冠鱼狗 *Megaceryle lugubris* (Temminck, 1834)　　　翠鸟科 Alcedinidae

英文名　Crested Kingfisher

识别特征　中型鸟类（体长 37~42cm）。羽冠发达。上体青黑色，并多具白色横斑和点斑，蓬起的羽冠也如是，大块的白斑由颊区延至颈侧。下体白色，具黑色的胸部斑纹，两胁具皮黄色横斑。翼线雄性白色，雌性黄棕色。虹膜褐色；嘴黑色；脚黑色。

生态习性　栖息于平原、疏林、河流、溪涧、湖泊以及村边池塘等。主要以鱼为食，也吃虾、蟹和昆虫。

地理分布　见于大溪。

保护及濒危等级　《中国生物多样性红色名录》：近危（NT）；《IUCN红色名录》：无危（LC）。

231.斑鱼狗 *Ceryle rudis* (Linnaeus, 1758)　　　翠鸟科 Alcedinidae

英文名　Pied Kingfisher

识别特征　中型鸟类（体长 27~31cm）。前额、头顶、羽冠、头侧黑色，缀以白色细纹；眼先和眉纹白色；后颈呈黑白色杂斑状，颈两侧各具一大块白斑。背、肩及两翅覆羽黑色，具白色端斑，呈黑白斑驳状。飞羽黑褐色；初级飞羽基部白色，在翅上形成显著的白色翅斑。腰和尾上覆羽白色，具黑色斑。尾白色。下体白色，胸、两胁和腹侧具黑斑。虹膜褐色；嘴黑色；脚黑色。

生态习性　栖息于平原、疏林、河流、溪涧、湖泊以及村边池塘等。食物以小鱼为主，兼吃甲壳类和水生昆虫，也啄食小型蛙类（包括蝌蚪）。

地理分布　见于石桥头。

保护及濒危等级　《中国生物多样性红色名录》：无危（LC）；《IUCN红色名录》：无危（LC）。

二二、啄木鸟目 PICFORMES

232. 大拟啄木鸟 *Psilopogon virens* (Boddaert, 1783)　　拟啄木鸟科 Capitonidae

英文名　Great Barbet

识别特征　中型鸟类（体长 30~34cm）。嘴大而粗厚。整个头、颈和喉暗蓝色或紫蓝色；上胸暗褐色；下胸和腹淡黄色，具宽阔的绿色或蓝绿色纵纹。尾下覆羽红色。背、肩暗绿褐色，其余上体草绿色，野外特征极明显，容易识别。虹膜褐色；嘴大部浅黄色或褐色，端黑色；脚灰色。

生态习性　栖息于阔叶林、针阔叶混交林及林缘等生境。食物大多为蚁类（包括其卵和蛹），也吃一些小型昆虫。

地理分布　见于松门。

保护及濒危等级　《中国生物多样性红色名录》：无危（LC）；《IUCN红色名录》：无危（LC）。

233. 蚁䴕 *Jynx torquilla* Linnaeus, 1758　　啄木鸟科 Picidae

英文名　Eurasian Wryneck

识别特征　体小的啄木鸟（体长 16~19cm）。体羽斑驳杂乱。褐色贯眼纹清晰。喉部具明显横纹。腹部较淡，黑斑稀疏。下体具小横斑。嘴相对短，呈圆锥形。就啄木鸟而言，其尾较长，具不明显的横斑。虹膜淡褐色；嘴角质色；脚褐色。

生态习性　栖息于阔叶林、针阔叶混交林、林缘灌丛、河谷、果园、城市公园等多种生境。食物大多为蚁类（包括其卵和蛹），也吃一些小型昆虫。

地理分布　见于坞根。

保护及濒危等级　浙江省重点保护野生动物；《中国生物多样性红色名录》：无危（LC）；《IUCN红色名录》：无危（LC）。

234.斑姬啄木鸟 *Picumnus innominatus* Burton, 1836　　　啄木鸟科 Picidae

英文名　Speckled Piculet

识别特征　体小的啄木鸟（体长 9~10cm）。成鸟额至后颈栗色，脸及尾部具黑白色纹。颏、喉为白色。下体余部灰白色，微沾黄绿色。胸部布满大型黑色斑点。两胁后部杂以黑色横斑。背、腰黄绿色。两翼褐色，表面也呈黄绿色。胸部具棕褐色点斑。雄性前额橘黄色。虹膜红色；嘴近黑色；脚灰色。

生态习性　栖息于常绿阔叶林、混交林、竹林和林缘等生境。食物大多为蚁类（包括其卵和蛹），也吃其他小型昆虫。

地理分布　见于泽国。

保护及濒危等级　浙江省重点保护野生动物；《中国生物多样性红色名录》：无危（LC）；《IUCN红色名录》：无危（LC）。

235.黄嘴栗啄木鸟 *Blythipicus pyrrhotis* (Hodgson, 1837)　　　啄木鸟科 Picidae

英文名　Bay Woodpecker

识别特征　体型略大的啄木鸟（体长 25~32cm）。雄性颈侧及枕部有绯红色的块斑。嘴端呈截平状。上体大多棕褐色，下背以下暗褐色；自枕下至颈侧及耳羽后有一大赤红斑；头顶羽有淡色轴纹；背、尾及翅有黑横斑。下体暗褐色，胸部有淡栗色细羽干纹。雌性颈项及颈侧均无红斑。虹膜红褐色；嘴淡绿黄色；脚褐黑色。

生态习性　栖息于常绿阔叶林、平原、林缘等生境。主要以蚂蚁为食，也吃其他昆虫。

地理分布　见于大溪。

保护及濒危等级　浙江省重点保护野生动物；《中国生物多样性红色名录》：无危（LC）；《IUCN红色名录》：无危（LC）。

温岭市野生动物

二三、隼形目FALCONIFORMES

236.红隼 *Falco tinnunculus* Linnaeus, 1758　　　　　隼科Falconidae

英文名　Common Kestrel

识别特征　体小的隼（体长31~38cm）。雄性头顶及颈背灰色；上体赤褐色，略具黑色横斑；下体棕黄色，具黑色纵纹；飞羽和尾羽下面灰白色，密被黑褐色横斑；翅下密布点斑。尾蓝灰色，无横斑。雌性体型略大，上体包括尾羽大多暗棕红色，比雄性少赤褐色而多粗横斑。虹膜褐色；嘴基灰色，端黑色，蜡膜黄色；脚黄色。

生态习性　栖息于林中、林缘、平原、旷野及农田、村庄附近等生境。主要以蝗虫、蚱蜢、吉丁虫、螽斯、蟋蟀等昆虫为食，也吃鼠类、小型鸟类、蛙、蜥蜴、松鼠、蛇等脊椎动物。

地理分布　见于温岭各乡镇（街道）。

保护及濒危等级　国家二级重点保护野生动物；《中国生物多样性红色名录》：无危（LC）；《IUCN红色名录》：无危（LC）。

237.灰背隼 *Falco columbarius* Linnaeus, 1758　　　　　隼科Falconidae

英文名　Merlin

识别特征　体小（体长25~33cm）。前额、眼先、眉纹、头侧、颊和耳羽均为污白色。上体呈蓝灰色，颜色比其他隼类浅淡，尤其是雄鸟，具黑色羽轴纹。尾羽上具有宽阔的黑色亚端斑和较窄的白色端斑。后颈为蓝灰色，有1个棕褐色的领圈，并杂有黑斑，是其独有的特点。颊部、喉部为白色，其余的下体为淡棕色，具有粗著的棕褐色羽干纹。虹膜暗褐色，眼周和蜡膜黄色；嘴铅蓝灰色，尖端黑色，基部黄绿色；脚橙黄色，爪黑褐色。

生态习性　栖息于开阔的低山丘陵、山脚平原、海岸和森林地带，特别是林缘、林中空地、山岩和有稀疏树木的开阔地。主要以小型鸟类、鼠类、昆虫等为食，也吃蜥蜴、蛙和小型蛇类。

地理分布　见于坞根。

保护及濒危等级　国家二级重点保护野生动物；《中国生物多样性红色名录》：近危（NT）；《IUCN红色名录》：无危（LC）。

238. 燕隼 *Falco subbuteo* Linnaeus, 1758　　　　　　隼科 Falconidae

英文名　Eurasian Hobby

识别特征　体小（体长 28~35cm）。上体为暗蓝灰色，有 1 条细细的白色眉纹，颊部有 1 条垂直向下的黑色髭纹，颈部侧面、喉部、胸部和上腹部均为白色，胸部和腹部还有黑色的纵纹，下腹部至尾下覆羽、覆腿羽为棕栗色。飞翔时翅膀狭长而尖，像镰刀一样，翼下为白色，密布黑褐色的横斑。翅膀折合时，翅尖几乎到达尾羽的端部，看上去很像燕子，因而得名。虹膜黑褐色，眼周和蜡膜黄色；嘴蓝灰色，尖端黑色；脚、趾黄色，爪黑色。

生态习性　栖息于有稀疏树木生长的开阔平原、旷野、耕地、海岸、疏林和林缘地带。主要以雀形目小鸟为食，也吃蜻蜓、蟋蟀、蝗虫、天牛等昆虫。

地理分布　见于太平、大溪、松门、石桥头。

保护及濒危等级　国家二级重点保护野生动物；《中国生物多样性红色名录》：无危（LC）；《IUCN红色名录》：无危（LC）。

239. 游隼 *Falco peregrinus* Tunstall, 1771　　　　　　隼科 Falconidae

英文名　Peregrine Falcon

识别特征　体中型（体长 38~50cm）。翅长而尖，眼周黄色，颊有一粗著的垂直向下的黑色髭纹，头至后颈灰黑色，其余上体蓝灰色，尾上有数条黑色横带。下体白色，上胸有黑色细斑点，下胸至尾下覆羽密被黑色横斑。飞翔时翼下和尾下白色，密布白色横带。常在鼓翼飞翔时穿插着滑翔，也常在空中翱翔。虹膜暗褐色，眼睑和蜡膜黄色；嘴基部黄色，尖部黑色；脚和趾橙黄色，爪黄色。

生态习性　栖息于山地、丘陵、海岸、旷野、河流、沼泽与湖泊沿岸地带，也到开阔的农田和村庄附近活动。主要捕食野鸭、鸥、鸠鸽、乌鸦和鸡类等中小型鸟类，也吃鼠、野兔等小型哺乳动物。

地理分布　见于松门、箬横、石塘、城南。

保护及濒危等级　国家二级重点保护野生动物；《中国生物多样性红色名录》：近危（NT）；《IUCN红色名录》：无危（LC）。

二四、雀形目 PASSERIFORMES

240. 仙八色鸫 *Pitta nympha* Temminck & Schlegel, 1850　　八色鸫科 Pittdae

英文名　Fairy Pitta

识别特征　中等体型（体长约 20cm）。羽色鲜艳。头深栗褐色；中央冠纹黑色；眉纹乳黄色；头侧有 1 条宽阔的黑纹从眼先经颊、眼、耳羽直到后颈，与中央冠纹相连。背绿色；腰、尾上覆羽及翅上小覆羽蓝色。喉白色；胸、腹大部乳白色；腹中央和尾下覆羽血红色。虹膜褐色；嘴及脚偏黑色。

生态习性　栖息于林中。跳跃式行走。主要取食昆虫、蚯蚓等动物。

地理分布　见于大溪、新河、箬横、城东、太平、城南。

保护及濒危等级　国家二级重点保护野生动物；《中国生物多样性红色名录》：易危（VU）；《IUCN红色名录》：易危（VU）。

241. 黑枕黄鹂 *Oriolus chinensis* Linnaeus, 1766　　黄鹂科 Oriolidae

英文名　Black-naped Oriole

识别特征　中等体型（体长 23~28cm）。雄性从额基经眼先至枕部有 1 条宽阔的黑纹；额部、头顶和上体全为鲜黄色；背部稍沾绿色；下体黄色稍淡。雌性体色较暗淡；背橄榄黄色；下体近白色，具黑色纵纹。虹膜红色；嘴粉红色；脚近黑色。

生态习性　栖息于阔叶林、混交林、农田、村庄附近及城市公园的树上等多种生境。主要以昆虫为食，也吃少量植物的果实和种子。

地理分布　见于松门。

保护及濒危等级　浙江省重点保护野生动物；《中国生物多样性红色名录》：无危（LC）；《IUCN红色名录》：无危（LC）。

242. 暗灰鹃鵙 *Lalage melaschistos* (Hodgson, 1836) 　山椒鸟科 Campephagidae

英文名　Black-winged Cuckooshrike

识别特征　小型鸟类（体长 19~24cm）。雄性额、头顶、上体暗蓝灰色或黑灰色；腰及尾上覆羽较浅淡、蓝灰色；两翼亮黑色；腹部具细密横纹；尾下覆羽白色，尾羽黑色，3 枚外侧尾羽的羽尖白色。雌性似雄性，但色浅，下体及耳羽具白色横斑，白色眼圈不完整，翼下通常具一小块白斑。虹膜红褐色；嘴黑色；脚铅蓝色。

生态习性　栖息于开阔林地、竹林、果园及河谷等生境。杂食性，主要以昆虫为食，也吃少量植物的果实和种子。

地理分布　见于松门。

保护及濒危等级　《中国生物多样性红色名录》：无危（LC）；《IUCN红色名录》：无危（LC）。

243. 小灰山椒鸟 *Pericrocotus cantonensis* Swinhoe, 1861 　山椒鸟科 Campephagidae

英文名　Swinhoe's Minivet

识别特征　小型鸟类（体长 18~19cm）。雄性额和头前部白色，有的向后延伸至眼后，形成一短的眉纹；眼先黑色；头顶、枕、背暗灰色或灰黑色；眼下方、颏、喉、脸颊、下体及翼缘白色；胸和两胁为白色且缀有淡褐灰色；腰至尾上覆羽沙褐色。雌性与雄性大致相似，但额和头前部白色且缀有褐灰色，头顶暗褐灰色，背较雄性稍暗。虹膜褐色；嘴黑色；脚黑色。

生态习性　栖息于林中、公园、果园等生境。主要以昆虫为食。

地理分布　见于大溪、温峤。

保护及濒危等级　《中国生物多样性红色名录》：无危（LC）；《IUCN红色名录》：无危（LC）。

244.灰山椒鸟 *Pericrocotus divaricatus* (Raffles, 1822)　　　山椒鸟科Campephagidae

英文名　Ashy Minivet

识别特征　小型鸟类（体长18~21cm）。雄性额和头顶前部白色；顶冠、贯眼纹及飞羽黑色；上体余部灰色；下体自颏至尾下覆羽为白色。雌性额部缀有灰色，整体色浅而多灰色。虹膜褐色；嘴及脚黑色。

生态习性　栖息于林中、河岸边及村庄附近等生境。主要捕食昆虫。

地理分布　见于松门。

保护及濒危等级　《中国生物多样性红色名录》：无危（LC）；《IUCN红色名录》：无危（LC）。

245.灰喉山椒鸟 *Pericrocotus solaris* Blyth, 1846　　　山椒鸟科Campephagidae

英文名　Grey-chinned Minivet

识别特征　小型鸟类（体长17~19cm）。雄性前额、头顶、上背、肩黑色，具蓝色光泽；喉灰色，与胸部分界清晰；翼斑橙红色，闪电状；腹部橙红色。雌性颏、喉浅灰色或灰白色；胸、腹和两胁鲜黄色；尾翼黄色闪电状。虹膜深褐色；嘴及脚黑色。

生态习性　栖息于林中。主要以昆虫为食，偶尔吃少量植物的果实和种子。

地理分布　见于坞根、大溪、太平、城南、温峤、新河、石桥头。

保护及濒危等级　《中国生物多样性红色名录》：无危（LC）；《IUCN红色名录》：无危（LC）。

246. 黑卷尾 *Dicrurus macrocercus* Vieillot, 1817　　卷尾科 Dicruridae

英文名　Black Drongo

识别特征　中等体型（体长 24~30cm）。通体黑色，具蓝绿色金属光泽。尾叉状，最外侧尾羽最长，末端外侧微上卷。翅黑褐色，并有铜绿色金属光泽。虹膜红色；嘴及脚黑色。

生态习性　栖息于农田、林缘地带。食物以昆虫为主。

地理分布　见于松门。

保护及濒危等级　《中国生物多样性红色名录》：无危（LC）；《IUCN红色名录》：无危（LC）。

247. 灰卷尾 *Dicrurus leucophaeus* Vieillot, 1817　　卷尾科 Dicruridae

英文名　Ashy Drongo

识别特征　中等体型（体长 26~28cm）。全身为暗灰色，鼻羽和前额黑色，眼先及头两侧为纯白色。尾长而分叉，尾羽上有不明显的浅黑色横纹。虹膜橙红色；嘴灰黑色；脚黑色。

生态习性　栖息于林中、河谷及村庄附近。主要以昆虫为食，也吃植物种子。

地理分布　见于松门。

保护及濒危等级　《中国生物多样性红色名录》：无危（LC）；《IUCN红色名录》：无危（LC）。

248. 发冠卷尾 *Dicrurus hottentottus* (Linnaeus, 1766) 卷尾科 Dicruridae

英文名 Hair-crested Drongo

识别特征 体型略大（体长 29~34cm）。头具细长丝状羽冠，体羽黑色，斑点闪烁。尾长而分叉，外侧羽端钝而向上卷曲。雌性铜绿色金属光泽不如雄性鲜艳，额顶基部的发状羽冠较雄性短小。虹膜红色或白色；嘴及脚黑色。

生态习性 栖息于林中、农田及村庄附近等生境。主要以昆虫为食，偶尔吃少量果实和种子、叶芽等植物性食物。

地理分布 见于大溪、松门。

保护及濒危等级 《中国生物多样性红色名录》：无危（LC）；《IUCN红色名录》：无危（LC）。

249. 紫寿带 *Terpsiphone atrocaudata* (Eyton, 1839) 王鹟科 Monarvhidae

英文名 Japanese Paradise Flycatcher

识别特征 中等体型（体长约20cm，雄性尾长约再加20cm）。雄性头、颈、羽冠、喉和上胸均为金属蓝黑色；上体深紫栗色；翅、尾暗栗色；2枚中央尾羽长；上腹和两胁暗灰色；其余下体白色。雌性体羽较淡，头、颈部为黑褐色。虹膜深褐色，眼周裸皮蓝色；嘴蓝色；脚偏蓝色。

生态习性 栖息于林中、林缘。主要以昆虫为食。

地理分布 见于石塘。

保护及濒危等级 《中国生物多样性红色名录》：近危（NT）；《IUCN红色名录》：近危（NT）。

250. 寿带 *Terpsiphone incei* (Gould, 1852)　　　王鹟科 Monarvhidae

英文名　Amur Paradise Flycatcher

识别特征　中等体型（体长 17~22cm）。头蓝黑色，具显著的羽冠。雄性 2 枚中夹尾羽延长；羽色有栗色和白色两型。栗色型上体栗棕色，额、喉、头、颈和羽冠为亮蓝黑色，胸灰色，腹和尾下覆羽白色；白色型头、颈、颏、喉亮蓝黑色，其余白色，上体多黑色纵纹。雌性胸、腹界线模糊，尾不延长。虹膜褐色，眼周裸皮蓝色；嘴大部蓝色，嘴端黑色；脚蓝色。

生态习性　栖息于林中、林缘。主要以昆虫为食。

地理分布　见于松门。

保护及濒危等级　浙江省重点保护野生动物；《中国生物多样性红色名录》：近危（NT）；《IUCN红色名录》：无危（LC）。

251. 虎纹伯劳 *Lanius tigrinus* Drapiez, 1828　　　伯劳科 Laniidae

英文名　Tiger Shrike

识别特征　小型鸟类（体长 17~19cm）。头顶至后颈灰色。前额、头侧和颈侧黑色。上体、翅栗棕色，具细的黑色波状横纹。下体白色。两胁具褐色横斑。尾栗棕色。雌性似雄性，但眼先及眉纹色浅。虹膜褐色；嘴大部蓝色，端黑色；脚灰色。

生态习性　栖息于林中、林缘地带。以捕食昆虫为主，也吃小鸟和鼠类。

地理分布　见于温峤。

保护及濒危等级　浙江省重点保护野生动物；《中国生物多样性红色名录》：无危（LC）；《IUCN红色名录》：无危（LC）。

252. 牛头伯劳 *Lanius bucephalus* Temminck & Schlegel, 1845 伯劳科 Laniidae

英文名 Bull-headed Shrike

识别特征 中等体型（体长 19~20cm）。头顶褐色。眉纹、颏、喉及尾端白色。下体浅棕色或棕色，具黑褐色波状横斑。尾羽大多灰褐色，具白色端斑，中央 1 对尾羽灰黑色。雄性翅黑褐色，具白色翅斑，贯眼纹黑色；雌性翅斑不明显，贯眼纹栗色。虹膜深褐色；嘴大部灰色，端黑色；脚铅灰色。

生态习性 栖息于阔叶林、混交林、公园及灌丛中。取食小鸟、昆虫、蜘蛛及植物种子。

地理分布 见于大溪、温峤。

保护及濒危等级 浙江省重点保护野生动物；《中国生物多样性红色名录》：无危（LC）；《IUCN红色名录》：无危（LC）。

253. 红尾伯劳 *Lanius cristatus* Linnaeus, 1758 伯劳科 Laniidae

英文名 Brown Shrike

识别特征 中等体型（体长 17~20cm）。头顶灰色或红棕色。颏、喉白色。眉纹白色，贯眼纹黑色。上体棕褐色或灰褐色。两翅黑褐色。尾上覆羽红棕色。尾羽棕褐色，尾呈楔形。下体棕白色。虹膜褐色；嘴黑色；脚灰黑色。

生态习性 栖息于灌丛、疏林和林缘地带。主要以昆虫为食，偶尔吃少量植物种子。

地理分布 见于大溪、石塘、坞根。

保护及濒危等级 浙江省重点保护野生动物；《中国生物多样性红色名录》：无危（LC）；《IUCN红色名录》：无危（LC）。

254.荒漠伯劳 *Lanius isabellinus* Hemprich & Ehrenberg,1833　　伯劳科Laniidae

英文名　Isabelline Shrike

识别特征　体型较小（体长 16~18cm）。雄性贯眼纹黑色，眉纹白色；整个上体浅沙灰色；下体浅棕色；白色翅斑较小；尾棕色，尾上覆羽棕黄色；翼镜白色。雌性较雄性色暗；下体具黑色细小的鳞状斑纹。虹膜褐色；嘴灰色；脚深灰色。

生态习性　主要栖息于开阔的疏林、河边树丛与灌丛、果园和农田。主要以昆虫为食，偶尔也吃少量植物种子。

地理分布　见于松门（东浦农场）。

保护及濒危等级　浙江省重点保护野生动物；《中国生物多样性红色名录》：无危（LC）；《IUCN红色名录》：无危（LC）。

255.棕背伯劳 *Lanius schach* Linnaeus, 1758　　伯劳科Laniidae

英文名　Long-tailed Shrike

识别特征　体型略大（体长 20~25cm）。翅黑。尾长而黑。黑色贯眼纹延伸至耳羽及颈侧。翼有一白色斑。头顶及颈背灰色或灰黑色。背、腰及体侧红褐色。颏、喉、胸及腹中心部位白色。虹膜褐色；嘴及脚黑色。

生态习性　栖息于农田、荒地、林地、苗圃等多种生境。主要以昆虫等动物性食物为食，也捕食小鸟、蛙、蜥蜴和鼠，偶尔吃少量植物种子。

地理分布　见于温岭各乡镇（街道）。

保护及濒危等级　浙江省重点保护野生动物；《中国生物多样性红色名录》：无危（LC）；《IUCN红色名录》：无危（LC）。

256. 楔尾伯劳 *Lanius sphenocercus* Cabanis, 1873   伯劳科 Laniidae

英文名　Chinese Grey Shrike

识别特征　体型甚大（体长约31cm）。贯眼纹黑色。体灰色。两翅黑色，飞羽基部白色，形成宽阔的白色斑带，内侧飞羽具白色端斑。尾大部黑色，呈楔状；外侧 3 对尾羽白色。虹膜褐色；嘴灰色；脚黑色。

生态习性　常栖息于稀疏林地、灌丛、平原、农田等环境。主要以昆虫为食，也捕食小型脊椎动物，如蜥蜴、小鸟及鼠类。

地理分布　见于松门。

保护及濒危等级　浙江省重点保护野生动物；《中国生物多样性红色名录》：无危（LC）；《IUCN红色名录》：无危（LC）。

257. 松鸦 *Garrulus glandarius* (Linnaeus, 1758)   鸦科 Corvidae

英文名　Eurasian Jay

识别特征　中型鸟类（体长 30~36cm）。额和头顶红褐色。颊纹黑色。头顶有羽冠。上体葡萄棕色。尾上覆羽白色。翅黑色，翅上有辉亮的黑、白、蓝三色相间的横斑。尾黑色。虹膜浅褐色；嘴灰色；脚肉棕色。

生态习性　栖息于针叶林、针阔叶混交林、阔叶林等生境。食性较杂，主要以金龟子、天牛、松毛虫、象甲等昆虫为食，也吃蜘蛛及植物的果实、种子。

地理分布　见于大溪、坞根、泽国、温峤、城南。

保护及濒危等级　《中国生物多样性红色名录》：无危（LC）；《IUCN红色名录》：无危（LC）。

258. 灰喜鹊 *Cyanopica cyanus* (Pallas, 1776)

鸦科 Corvidae

英文名　Azure-winged Magpie

识别特征　中型而细长的喜鹊（体长 31~40cm）。顶冠、耳羽及后枕黑色。背灰色。两翼黑色，具蓝色金属光泽；初级飞羽外缘端部白色。下体灰白色。尾长，灰蓝色，呈凸状，具白色端斑。虹膜褐色；嘴黑色；脚黑色。

生态习性　栖息于次生林、人工林内，以及田边、路边、村庄附近的小块林内，甚至出现在城市公园中的树上。食物主要以昆虫为主。

地理分布　见于松门。

保护及濒危等级　《中国生物多样性红色名录》：无危（LC）；《IUCN红色名录》：无危（LC）。

259. 红嘴蓝鹊 *Urocissa erythroryncha* (Boddaert, 1783)

鸦科 Corvidae

英文名　Red-billed Blue Magpie

识别特征　大型鸦类（体长 42~60cm）。喙红色。头、颈、喉和胸黑色。头顶至后颈有 1 块白色至淡蓝白色块斑。上体紫蓝灰色或淡蓝灰褐色。下体白色。尾长，呈凸状；中央尾羽最长且端白色，其余尾羽具黑色次端斑和白色端斑。虹膜红色；嘴红色；脚红色。

生态习性　栖息于常绿阔叶林、针叶林、针阔叶混交林、竹林、林缘、路边及村庄附近等多种生境。主要以植物的果实、种子及昆虫为食。

地理分布　见于温岭各乡镇（街道）。

保护及濒危等级　《中国生物多样性红色名录》：无危（LC）；《IUCN红色名录》：无危（LC）。

260. 灰树鹊 *Dendrocitta formosae* Swinhoe, 1863
鸦科 Corvidae

英文名 Grey Treepie

识别特征 中型鸟类（体长 36~40cm）。颏、喉、头大部黑色。头顶至后枕灰色。背、肩棕褐色。腰和尾上覆羽灰白色，尾下覆羽栗色。两翼黑色，具白色翅斑。尾黑色。胸、腹灰色。虹膜红褐色；嘴大部黑色，嘴基灰色；脚深灰色。

生态习性 栖息于阔叶林、针阔叶混交林和次生林，也见于林缘疏林和灌丛等生境。主要以昆虫为食，也吃植物的果实、种子及雏鸟、鸟蛋、尸体等。

地理分布 见于东部新区、城西、泽国、松门。

保护及濒危等级 《中国生物多样性红色名录》：无危（LC）；《IUCN红色名录》：无危（LC）。

261. 喜鹊 *Pica pica* (Linnaeus, 1758)
鸦科 Corvidae

英文名 Black-billed Magpie

识别特征 中型鸟类（体长 40~50cm）。头、颈、胸、上体黑色，具蓝绿色金属光泽。肩羽纯白色。腰灰色与白色相杂。翅黑色，具大型白斑。尾黑色，并具蓝色金属光泽。上腹和胁纯白色。下腹和覆腿羽污黑色。虹膜褐色；嘴黑色；脚黑色。

生态习性 栖息于平原、林中、农田、郊区、城市、公园等生境。食性较杂，主要以昆虫为食，也吃植物的果实和种子。

地理分布 见于泽国、滨海、箬横、新河、松门、大溪、横峰、城北、石桥头、城西、太平、东部新区。

保护及濒危等级 《中国生物多样性红色名录》：无危（LC）；《IUCN红色名录》：无危（LC）。

262. 秃鼻乌鸦 *Corvus frugilegus* Linnaeus, 1758 　　　　　　　　鸦科 Corvidae

英文名　Rook

识别特征　体型略大（体长 46~47cm）。头顶呈拱圆形。嘴圆锥形且尖。鼻孔裸露，基部为灰白色。体羽黑色，具光泽。腿部的松散垂羽更显松散。虹膜深褐色；嘴黑色，嘴基部裸皮浅灰白色；脚黑色。

生态习性　栖息于林中、林缘、农田、村庄等生境。杂食性鸟类，主要捕食昆虫，也吃垃圾、腐尸、蛙、植物种子等。

地理分布　见于松门。

保护及濒危等级　《中国生物多样性红色名录》：无危（LC）；《IUCN红色名录》：无危（LC）。

263. 大山雀 *Parus cinereus* Vieillot, 1818 　　　　　　　　　　山雀科 Paridae

英文名　Great Tit

识别特征　小型鸟类（体长 12~14cm）。头顶、颈侧、喉及上胸黑色。翼上具 2 道白色翼斑。颈背部有大块白斑。上体偏绿色。下体白色，胸、腹有条宽阔的黑色纵纹与喉相连。飞羽黑褐色。虹膜褐色；嘴黑色；脚暗褐色。

生态习性　栖息于各类林地、果园、道路旁及房前屋后等生境。主要以金龟甲、蚂蚁、蜂、松毛虫、蝽象、瓢虫、蟊斯等昆虫为食，也吃蜘蛛、蜗牛等动物和草籽、花等植物性食物。

地理分布　见于温岭各乡镇（街道）。

保护及濒危等级　《中国生物多样性红色名录》：无危（LC）；《IUCN红色名录》：无危（LC）。

264. 中华攀雀 *Remiz consobrinus* (Swinhoe, 1870)　　　　攀雀科 Remizidae

英文名　Chinese Penduline Tit

识别特征　小型鸟类（体长约11cm）。雄性头顶及后颈灰色。贯眼纹黑色，其上具白色窄眉纹。背棕色。尾凹形。下体皮黄色。雌性头至后颈灰褐色，眉纹淡褐色，贯眼纹褐色。虹膜深褐色；嘴灰黑色；脚蓝灰色。

生态习性　栖息于阔叶林、芦苇丛、香蒲丛等生境。主要以昆虫为食。

地理分布　见于松门。

保护及濒危等级　《中国生物多样性红色名录》：无危（LC）；《IUCN红色名录》：无危（LC）。

265. 小云雀 *Alauda gulgula* Franklin, 1831　　　　百灵科 Alaudidae

英文名　Oriental Skylark

识别特征　小型鸣禽（体长14~16cm）。上体棕褐色，满布黑褐色羽干纹。头顶和后颈黑褐色纵纹较细，棕色羽缘较宽，羽色显得较淡。背部黑色纵纹较粗著。眼先和眉纹棕白色。耳羽淡棕栗色。翅黑褐色。下体棕白色。虹膜褐色；嘴角质色；脚肉色。

生态习性　栖息于平原、草地、河边、沙滩、草丛、坟地、农田、荒地以及沿海地区等生境。杂食性，主要以植物性食物为食，也吃蚂蚁、鳞翅目、鞘翅目等昆虫。

地理分布　见于城南、箬横、松门、石桥头、东部新区、新河、滨海。

保护及濒危等级　《中国生物多样性红色名录》：无危（LC）；《IUCN红色名录》：无危（LC）。

266.棕扇尾莺 *Cisticola juncidis* (Rafinesque, 1810)　　　　扇尾莺科 Cisticolidae

英文名　Zitting Cisticola

识别特征　小型鸟类（体长10~14cm）。体羽褐色，背部较暗，具有几条黑色纵斑。腰及两胁黄褐色。胸、腹白色。尾为凸状，中央尾羽最长，尾端白色清晰。虹膜褐色；嘴褐色；脚粉红色至近红色。

生态习性　栖息于开阔草地、平原、稻田及甘蔗地等生境。主要以鞘翅目、鳞翅目、直翅目、膜翅目等昆虫为食。

地理分布　见于东部新区、箬横、松门、城南、新河。

保护及濒危等级　《中国生物多样性红色名录》：无危（LC）；《IUCN红色名录》：无危（LC）。

267.山鹪莺 *Prinia crinigera* Hodgson, 1836　　　　扇尾莺科 Cisticolidae

英文名　Hill Prinia、Himalayan Prinia

识别特征　小型鸟类（体长15~16cm）。具长的凸形尾。上体灰褐色并具深褐色纵纹。下体偏白色，两胁、胸及尾下覆羽沾茶黄色，胸部黑色纵纹明显。非繁殖期头部纵纹更密集，且延伸到脸颊、颈侧、喉部。虹膜橘黄色；嘴黑色；脚棕黄色。

生态习性　栖息于林缘、灌丛、草地、湖边、农田等生境。主要以昆虫为食，也吃蜘蛛和其他小型无脊椎动物。

地理分布　见于大溪、松门。

保护及濒危等级　《中国生物多样性红色名录》：无危（LC）；《IUCN红色名录》：无危（LC）。

268.黄腹山鹪莺 *Prinia flaviventris* (Delessert, 1840)　　　扇尾莺科 Cisticolidae

英文名　Yellow-bellied Prinia

识别特征　小型鸟类（体长 12~14cm）。头灰色，有时具浅淡近白的短眉纹。喉及上胸白色，下胸及腹部黄色。上体橄榄绿色。腿部皮黄或棕色。繁殖期尾较短，橄榄绿色，呈凸状。虹膜浅褐色；上嘴黑色至褐色，下嘴色浅；脚橘黄色。

生态习性　栖息于芦苇丛、沼泽、灌丛、草地、河流、湖泊、水渠、农田地边等生境。主要以昆虫为食，也吃植物的果实和种子。

地理分布　见于新河、箬横、石桥头。

保护及濒危等级　《中国生物多样性红色名录》：无危（LC）；《IUCN红色名录》：无危（LC）。

269.纯色山鹪莺 *Prinia inornata* Sykes, 1832　　　扇尾莺科 Cisticolidae

英文名　Plain Prinia

识别特征　小型鸟类（体长 11~15cm）。繁殖期头顶、上体及尾羽浅褐色。眉纹米白色，在眼后变得模糊。下体大部米白色，胸侧、胁部、尾下覆羽浅皮黄色。非繁殖期眉纹、脸颊、喉至下体沾棕黄色。虹膜浅褐色；嘴近黑色，基部色浅；脚粉红色。

生态习性　栖息于的农田、果园、溪流沿岸、村庄附近的草地上与灌丛中等生境。主要以昆虫为食，也吃少量蜘蛛和植物种子。

地理分布　见于温岭各乡镇（街道）。

保护及濒危等级　《中国生物多样性红色名录》：无危（LC）；《IUCN红色名录》：无危（LC）。

270. 黑眉苇莺 *Acrocephalus bistrigiceps* Swinhoe, 1860　　苇莺科 Acrocephalidae

英文名　Black-browed Reed Warbler

识别特征　中等体型（体长 13~14cm）。上体橄榄褐色。眉纹皮黄色，上有一粗黑纹。下体白色。两胁和尾下覆羽皮黄色。虹膜褐色；上嘴色深，下嘴色浅；脚粉色。

生态习性　栖息于水域附近的灌丛和芦苇丛等生境。主要以昆虫为食。

地理分布　见于松门。

保护及濒危等级　《中国生物多样性红色名录》：无危（LC）；《IUCN 红色名录》：无危（LC）

271. 东方大苇莺 *Acrocephalus orientalis* (Temminck & Schlegel, 1847)　　苇莺科 Acrocephalidae

英文名　Oriental Reed Warbler

识别特征　体型略大（体长 17~19cm）。上体橄榄褐色。眉纹淡黄色。喉至前胸米白色。飞羽暗褐色，具窄的淡棕色羽缘。下体污白色，胸微具灰褐色纵纹。虹膜褐色；上嘴褐色，下嘴偏粉色；脚灰色。

生态习性　栖息于水塘、溪流、河岸、芦苇沼泽等水域附近的草丛和芦苇丛等生境。以捕食昆虫为主，也吃植物的果实和种子。

地理分布　见于松门。

保护及濒危等级　《中国生物多样性红色名录》：无危（LC）；《IUCN 红色名录》：无危（LC）。

272. 矛斑蝗莺 *Locustella lanceolata* (Temminck, 1840)　　蝗莺科 Locustellidae

英文名　Lanceolated Warbler

识别特征　体型略小（体长12~14cm）。上体橄榄褐色，并具近黑色纵纹。下体白色而沾赭黄色，胸及两胁具黑色纵纹。眉纹皮黄色。尾端无白色。虹膜深褐色；上嘴褐色，下嘴淡黄色；脚粉色。

生态习性　栖息于稻田、沼泽、灌丛及林缘等生境。以捕食昆虫为主，也吃植物的果实和种子。

地理分布　见于石桥头、箬横。

保护及濒危等级　《中国生物多样性红色名录》：近危（NT）；《IUCN红色名录》：无危（LC）。

273. 小蝗莺 *Locustella certhiola* (Pallas, 1811)　　蝗莺科 Locustellidae

英文名　Pallas's Grasshopper Warbler

识别特征　中等体型（体长12~14cm）。眉纹白色。上体褐色而具灰色及黑色纵纹。两翼及尾红褐色，尾具近黑色的次端斑。下体近白色。胸及两胁皮黄色。虹膜褐色；上嘴褐色，下嘴偏黄色；脚淡粉色。

生态习性　栖息于沼泽、稻田、近水的草丛及林缘等生境。主要以植物的果实、种子及昆虫为食。

地理分布　见于松门。

保护及濒危等级　《中国生物多样性红色名录》：数据缺乏（DD）；《IUCN红色名录》：无危（LC）。

274. 北蝗莺 *Locustella ochotensis* (von Middendorff, 1853)　蝗莺科 Locustellidae

英文名　Middendorff's Grasshopper Warbler

识别特征　体型略大（体长 13~15cm）。眉纹和贯眼纹的对比清晰，背部具极模糊的深色纵纹。体羽具明显的橄榄褐色。背、胁、尾上覆羽和尾羽皮黄褐色。腹部污白色。尾羽末端具明显的白边，飞羽外翈具较浅的白色边缘。虹膜褐色；上嘴色深，下嘴色浅；脚粉色。

生态习性　栖息于河谷、芦苇丛及湿地附近茂密的灌丛等生境。主要以植物的果实、种子及昆虫为食。

地理分布　见于松门。

保护及濒危等级　《中国生物多样性红色名录》：无危（LC）；《IUCN 红色名录》：无危（LC）。

275. 苍眉蝗莺 *Locustella fasciolata* (Gray, 1861)　蝗莺科 Locustellidae

英文名　Gray's Grasshopper Warbler

识别特征　体型略大（体长 16~18cm）。上体橄榄褐色。眉纹白色，眼纹色深而脸颊灰暗。下体白色。胸及两胁具灰色或棕黄色条带，羽缘微近白色。尾下覆羽皮黄色。虹膜褐色；上嘴黑色，下嘴粉红色；脚粉褐色。

生态习性　栖息于林缘、河谷、芦苇丛及沿海林地等生境。主要以蚂蚁、金龟子、天牛、松毛虫等昆虫为食。

地理分布　见于石塘、石桥头。

保护及濒危等级　《中国生物多样性红色名录》：无危（LC）；《IUCN 红色名录》：无危（LC）。

276.家燕 *Hirundo rustica* Linnaeus, 1758　　燕科 Hirundinidae

英文名　Barn Swallow

识别特征　小型鸟类（体长 17~19cm）。上体蓝黑色，具光泽。翅下覆羽白色。颏、喉和上胸栗色，后接一黑色环带。下胸和腹白色。尾长，呈深叉状。虹膜褐色；嘴及脚黑色。

生态习性　栖息在人类居住的环境，常成群栖息于村庄中的房顶、电线上，以及附近的河滩、田野等。主要以双翅目、鳞翅目、膜翅目、鞘翅目、蜻蜓目等昆虫为食。

地理分布　见于温岭各乡镇（街道）。

保护及濒危等级　《中国生物多样性红色名录》：无危（LC）；《IUCN红色名录》：无危（LC）。

277.金腰燕 *Cecropis daurica* (Laxmann, 1769)　　燕科 Hirundinidae

英文名　Red-rumped Swallow

识别特征　小型燕类（体长 16~20cm）。后颈有栗黄色或棕栗色形成的领环。上体蓝黑色，具金属光泽。腰有棕栗色横带。下体棕白色，具黑色细纵纹。尾深叉状。虹膜褐色；嘴及脚黑色。

生态习性　栖息于城镇、农田和河流开阔的区域，常成群栖息于村庄中的房顶、电线上等。主要以双翅目、膜翅目、半翅目和鳞翅目等昆虫为食。

地理分布　见于城南、温峤、城西、大溪、坞根、泽国、城北、石桥头、箬横、石塘、松门、东部新区。

保护及濒危等级　《中国生物多样性红色名录》：无危（LC）；《IUCN红色名录》：无危（LC）。

278. 领雀嘴鹎 *Spizixos semitorques* Swinhoe, 1861 鹎科 Pycnonntidae

英文名 Collared Finchbill

识别特征 小型鹎类（体长21~23cm）。额、头顶黑色。额基近鼻孔处和下嘴基部各有一小束白羽。颊和耳羽黑色且具白色细纹。头两侧略杂以灰白色，后头和颈部逐渐转为深灰色。背、肩、腰和尾上覆羽橄榄绿色。虹膜褐色；嘴浅黄色；脚偏粉色。

生态习性 栖息于常绿阔叶林、次生林、庭院、果园、村舍附近的树林与灌丛等生境。主要以植物性食物为主，也吃瓢虫、蜻蜓、蚂蚁等昆虫。

地理分布 见于城东、城南、温峤、大溪、太平、箬横、松门、石塘、坞根、泽国、石桥头、新河。

保护及濒危等级 《中国生物多样性红色名录》：无危（LC）；《IUCN红色名录》：无危（LC）。

279. 黄臀鹎 *Pycnonotus xanthorrhous* Anderson, 1869 鹎科 Pycnonntidae

英文名 Brown-breasted Bulbul

识别特征 小型鹎类（体长19~21cm）。颏、喉白色。耳羽灰褐色或棕褐色。额至头顶黑色，无羽冠或微具短而不明显的羽冠。上体土褐色。胸具灰褐色横带。下体白色。臀鲜黄色。尾下覆羽黄色。虹膜褐色；嘴黑色；脚黑色。

生态习性 栖息于林缘、竹林、果园、农田等生境。主要以植物的果实和种子为食，也吃昆虫等动物性食物。

地理分布 见于大溪。

保护及濒危等级 《中国生物多样性红色名录》：无危（LC）；《IUCN红色名录》：无危（LC）。

280. 白头鹎 *Pycnonotus sinensis* (Gmelin, JF, 1789) 鹎科 Pycnonntidae

英文名 Light-vented Bulbul

识别特征 小型鹎类（体长18~20cm）。额至头顶黑色。两眼上方至后枕白色。耳羽后有一白斑。颏、喉白色。上体灰褐色或橄榄灰色，具黄绿色羽缘。宽阔胸带灰褐色。腹白色。虹膜褐色；嘴近黑色；脚黑色。

生态习性 栖息于次生林、耕地、林缘地带、果园、花园、灌丛、城市、乡村及海岛等多种生境。杂食性，既食鞘翅目、鳞翅目、直翅目等昆虫，也吃植物性食物，偶尔吃蜘蛛、蛇等动物。

地理分布 见于温岭各乡镇（街道）。

保护及濒危等级 《中国生物多样性红色名录》：无危（LC）；《IUCN红色名录》：无危（LC）。

281. 红耳鹎 *Pycnonotus jocosus* (Linnaeus, 1758) 鹎科 Pycnonntidae

英文名 Red-whiskered Bulbul

识别特征 中等体型（体长18~21cm）。眼下后方具鲜红色斑，其下有一白斑。颧纹黑色。额至头顶黑色，具耸立的黑色羽冠。上体褐色。胸侧有黑褐色横带。下体白色。尾下覆羽红色。尾黑褐色，外侧尾羽具白色端斑。虹膜褐色；嘴及脚黑色。

生态习性 栖息于次生林、公园、果园、公路、芦苇荡、村庄等人类居住地附近等。杂食性，主要以植物的种子、果实、花为食，也吃鞘翅目、鳞翅目、膜翅目等昆虫。

地理分布 见于泽国、箬横、城东。

保护及濒危等级 《中国生物多样性红色名录》：无危（LC）；《IUCN红色名录》：无危（LC）。

282. 栗耳短脚鹎 *Hypsipetes amaurotis* (Temminck, 1830)　　　鹎科 Pycnonntidae

英文名　Brown-eared Bulbul

识别特征　体型甚大（体长 27~29cm）。头、额、枕、后颈灰色，头顶具微小羽冠。耳羽及颈侧栗色。两翼和尾褐灰色。喉及胸部灰色，带浅色纵纹。腹部偏白色。两胁有灰色点斑。臀具黑白色横斑。尾较长。虹膜褐色；嘴深灰色；脚偏黑色。

生态习性　栖息于森林、耕地及林园等生境。主要以蚂蚁、松毛虫、蜻蜓、鳞翅目等昆虫为食。

地理分布　见于太平。

保护及濒危等级　《中国生物多样性红色名录》：无危（LC）；《IUCN红色名录》：无危（LC）。

283. 栗背短脚鹎 *Hemixos castanonotus* Swinhoe, 1870　　　鹎科 Pycnonntidae

英文名　Chestnut Bulbul

识别特征　小型鹎类（体长 18~22cm）。头顶黑色而略具羽冠。喉白色。上体栗褐色。腹部偏白色。胸及两胁浅灰色。两翼及尾灰褐色，覆羽及尾羽边缘绿黄色。喉和臀发白。虹膜褐色；嘴深褐色；脚深褐色。

生态习性　栖息于次生阔叶林、林缘、灌丛、农田、果园及地边树林等生境中。主要吃果实和种子等植物性食物，也吃鞘翅目、双翅目、鳞翅目、膜翅目、直翅目等昆虫。

地理分布　见于城东、城南、温峤、大溪、石塘、城西、新河、箬横、泽国、太平。

保护及濒危等级　《中国生物多样性红色名录》：无危（LC）；《IUCN红色名录》：无危（LC）。

284. 绿翅短脚鹎 *Ixos mcclellandii* (Horsfield, 1840)　　　　鹎科 Pycnonntidae

英文名　Mountain Bulbul

识别特征　中型鹎类（体长 21~24cm）。羽冠短而尖。耳、颈侧、上胸红棕色。颏、喉偏白色，具纵纹。头顶深褐色，具偏白色细纹。上体灰褐色。背、两翼及尾偏绿色。腹部及臀偏白。尾橄榄绿色，尾下覆羽浅黄色。虹膜褐色；嘴近黑色；脚粉红色。

生态习性　栖息于阔叶林、针阔叶混交林、次生林、竹林、林缘、灌丛、草地等各类生境中。主要以小型果实及昆虫为食。

地理分布　见于太平、城东、大溪、城西、松门。

保护及濒危等级　《中国生物多样性红色名录》：无危（LC）；《IUCN红色名录》：无危（LC）。

285. 黑短脚鹎 *Hypsipetes leucocephalus* (Gmelin, JF, 1789)　　　　鹎科 Pycnonntidae

英文名　Black Bulbul

识别特征　中型鹎类（体长 23~27cm）。羽色变化较大，可以分为两种类型。一种前额、头顶、头侧、颈、颏、喉等整个头、颈部均为白色；上体从背至尾上覆羽黑色，羽极具蓝绿色光泽；下体自胸往后黑褐色。另一种通体全黑色。虹膜褐色；嘴红色；脚红色。

生态习性　栖息于次生林、阔叶林、针阔叶混交林及其林缘地带。杂食性，以蜂、天牛、甲虫、蝗虫、蚂蚁等动物性食物为主，也吃浆果、榕果、种子等。

地理分布　见于温岭各乡镇（街道）。

保护及濒危等级　《中国生物多样性红色名录》：无危（LC）；《IUCN红色名录》：无危（LC）。

286.褐柳莺 *Phylloscopus fuscatus* (Blyth, 1842)　　　　　柳莺科 Phylloscopidae

英文名　Dusky Warbler

识别特征　小型鸟类（体长 11~12cm）。外形墩圆，嘴细小，腿细长。眉纹白色。上体灰褐色。下体乳白色，胸及两胁沾黄褐色。两翼短圆。尾圆而略凹。尾下覆羽淡棕色。虹膜褐色；上嘴色深，下嘴偏黄色；脚偏褐色。

生态习性　栖息于林下、林缘、溪边灌丛与草丛等各种生境。主要以鞘翅目、鳞翅目、膜翅目等昆虫为食。

地理分布　见于石塘、太平、箬横、城东。

保护及濒危等级　《中国生物多样性红色名录》：无 危（LC）；《IUCN红色名录》：无危（LC）。

287.黄腰柳莺 *Phylloscopus proregulus* (Pallas, 1811)　　　　柳莺科 Phylloscopidae

英文名　Yellow-rumoed Willow Warbler、Pallas's Leaf Warbler

识别特征　小型鸟类（体长 8~11cm）。具清晰的顶冠纹。眉纹较粗，前段鲜黄色。嘴细小。上体橄榄绿色。下体灰白色。腰柠檬黄色。翼羽黄绿色；具 2 道浅色翼斑。臀及尾下覆羽沾浅黄色。虹膜褐色；嘴黑色，嘴基橙黄色；脚粉红色。

生态习性　栖息于林下、林缘、溪边灌丛与草丛中等各种生境。捕食昆虫，偶尔吃植物种子、果实等。

地理分布　见于坞根、城南、箬横、泽国、大溪、温峤、城东、滨海。

保护及濒危等级　《中国生物多样性红色名录》：无 危（LC）；《IUCN红色名录》：无危（LC）。

288.黄眉柳莺 *Phylloscopus inornatus* (Blyth, 1842) 柳莺科 Phylloscopidae

英文名 Yellow-browed Willow Warbler

识别特征 小型鸟类（体长 10~11cm）。上体为橄榄绿色。贯眼纹暗褐色；眉纹淡黄色；顶纹几乎不可辨。下体从白色变至黄绿色。飞羽和覆羽黑褐色，有 2 道黄白色翼斑，三级飞羽末端具浅色羽缘。虹膜褐色；上嘴暗褐色，下嘴黄色；脚粉褐色。

生态习性 栖息于林缘灌丛、园林、农田、村落、庭院等多种生境。主要以金龟甲、叶甲、象甲、蚂蚁、蚊、蝇、蜂等昆虫为食，也吃蜘蛛等其他动物。

地理分布 见于城西、松门、新河、城东、城南。

保护及濒危等级 《中国生物多样性红色名录》：无危（LC）；《IUCN红色名录》：无危（LC）。

289.极北柳莺 *Phylloscopus borealis* (Blasius, JH, 1858) 柳莺科 Phylloscopidae

英文名 Arctic Warbler

识别特征 小型鸟类（体长 12~13cm）。具明显的黄白色长眉纹；眼先及贯眼纹近黑色。喙较尖细。上体深橄榄色。具甚浅的白色翼斑，中覆羽羽尖具 2 道模糊的翼斑。下体污白色。两胁褐橄榄色。虹膜深褐色；上嘴深褐色，下嘴黄色；脚褐色。

生态习性 栖息于林中、河谷、果园、庭院、道旁等生境。主要以蛾类幼虫、蜷象、叶甲、象甲、蝇等昆虫为食，偶尔吃植物种子、果实。

地理分布 见于坞根、石桥头。

保护及濒危等级 《中国生物多样性红色名录》：无危（LC）；《IUCN红色名录》：无危（LC）。

290. 淡脚柳莺 *Phylloscopus tenellipes* Swinhoe, 1860　　柳莺科 Phylloscopidae

英文名　Pale-legged Leaf Warbler

识别特征　小型鸟类（体长10~13cm）。头部顶冠至后颈偏暗灰色，无顶冠纹。具 2 道皮黄色的翼斑。长眉纹白色（眼前方皮黄色）。贯眼纹橄榄色。上体橄榄褐色。腰及尾上覆羽为清楚的橄榄褐色。下体白色，两胁沾皮黄灰色。虹膜褐色；上嘴深灰色，下嘴带粉色，但在嘴尖端为浅色；脚浅粉红色。

生态习性　栖息于红树林、次生林、公园、灌丛及林缘等生境。主要以昆虫为食。

地理分布　见于石塘、松门。

保护及濒危等级　《中国生物多样性红色名录》：无危（LC）；《IUCN红色名录》：无危（LC）。

291. 冕柳莺 *Phylloscopus coronatus* (Temminck & Schlegel, 1847)

柳莺科 Phylloscopidae

英文名　Eastern Crowned Willow Warbler、Eastern Crowned Warbler

识别特征　小型鸟类（体长11~12cm）。头顶色较暗，灰色顶冠纹在头后部明显。仅 1 道偏黄色翼斑。眼先及贯眼纹近黑色。上体绿橄榄色。下体灰白色，与柠檬黄色的臀对比明显。虹膜深褐色；上嘴褐色，下嘴色浅；脚灰色。

生态习性　栖息于林中、林缘、河谷、园林绿地等生境。主要以尺蛾科幼虫、螟蛾科幼虫，以及半翅目、鞘翅目、膜翅目、蜉蝣目等昆虫为食。

地理分布　见于石桥头、松门。

保护及濒危等级　《中国生物多样性红色名录》：无危（LC）；《IUCN红色名录》：无危（LC）。

292.鳞头树莺 *Urosphena squameiceps* (Swinhoe, 1863)　　　树莺科 Cettiidae

英文名　Asian Stubtail、Scaly-headed Bush Warbler

识别特征　小型鸟类（体长 9~11cm）。顶冠具鳞状斑纹。具明显的深色贯眼纹和浅色的眉纹。上体棕色。下体近白色，两胁及臀皮黄色。翼宽且嘴尖细。尾极短。虹膜褐色；上嘴色深，下嘴色浅；脚粉红色。

生态习性　栖息于落叶阔叶林、针叶林及林下灌丛、林缘等生境。主要以鳞翅目、双翅目、蚂蚁、小蜂、叩甲等昆虫为食。

地理分布　见于城南。

保护及濒危等级　《中国生物多样性红色名录》：无危（LC）；《IUCN红色名录》：无危（LC）。

293.远东树莺 *Horornis canturians* (Swinhoe, 1860)　　　树莺科 Cettiidae

英文名　Manchurian Bush Warbler

识别特征　小型鸟类（体长 14~18cm）。头顶、前额和尾羽偏红褐色。皮黄色的眉纹显著。眼纹深褐色。无翼斑或顶纹。背部棕褐色。下体污白色。胸和两胁皮黄色。雌性比雄性小。虹膜褐色；上嘴褐色，下嘴色浅；脚粉红色。

生态习性　栖息于次生林、公园、灌丛及林缘等生境。主要以鳞翅目、双翅目、蚂蚁、小蜂、叩甲等昆虫为食。

地理分布　见于城南、坞根、石塘、松门。

保护及濒危等级　《中国生物多样性红色名录》：无危（LC）；《IUCN红色名录》：无危（LC）。

294. 强脚树莺 *Horornis fortipes* Hodgson, 1845　　　　树莺科 Cettiidae

英文名　Brownish-flanked Bush-warbler

识别特征　小型鸟类（体长 11~13cm）。头顶至尾上覆羽为橄榄褐色。眉纹皮黄色。颊、喉及腹部中央白色，但稍沾灰色。上体橄榄褐色。下体偏白色而染褐黄色，尤其是胸侧、两胁及尾下覆羽。虹膜褐色；上嘴深褐色，下嘴基色浅；脚肉棕色。

生态习性　栖息于果园、茶园、竹林、公园、农田及村庄附近等多种生境。主要以鞘翅目、膜翅目、双翅目等昆虫为食，也吃少量植物的果实和种子。

地理分布　见于新河、城东、城南、温峤、坞根、大溪、太平、箬横、松门、石塘、城西、横峰、泽国。

保护及濒危等级　《中国生物多样性红色名录》：无危（LC）；《IUCN 红色名录》：无危（LC）。

295. 棕脸鹟莺 *Abroscopus albogularis* (Moore, F, 1854)　　　　树莺科 Cettiidae

英文名　Rufous-faced Warbler

识别特征　小型鸟类（体长 8~9cm）。头大部棕色，顶冠橄榄绿色，侧冠纹黑色，脸棕黄色。颏、喉白色，具有细密的黑色纵纹。上体和尾橄榄绿色。下体白色。腰黄色。胸部有一圈黄带。虹膜褐色；上嘴色暗，下嘴色浅；脚粉褐色。

生态习性　栖息于阔叶林、针叶林、竹林、灌丛及林缘等生境。主要以鞘翅目、鳞翅目、直翅目等昆虫为食，也吃蜘蛛等其他无脊椎动物。

地理分布　见于城西、大溪、温峤、太平、石塘。

保护及濒危等级　《中国生物多样性红色名录》：无危（LC）；《IUCN 红色名录》：无危（LC）。

296. 红头长尾山雀 *Aegithalos concinnus* (Gould, 1855)　　长尾山雀科 Aegithalidae

英文名　Black-throated Tit

识别特征　小型鸟类（体长 9~12cm）。头顶、颈背栗红色。贯眼纹宽而黑色。额、喉白色，喉中部有黑色斑块。背蓝灰色。胸、腹白色或淡棕黄色，具不完整的棕红色胸带。两胁栗色。虹膜黄色；嘴黑色；脚橘黄色。

生态习性　栖息于林中、果园、茶园、村庄及城镇附近的小树林等生境。主要以鞘翅目、鳞翅目等昆虫为食。

地理分布　见于城东、坞根、大溪、箬横、石塘、城西、温峤、松门、太平、城南、泽国。

保护及濒危等级　《中国生物多样性红色名录》：无危（LC）；《IUCN红色名录》：无危（LC）。

297. 灰头鸦雀 *Psittiparus gularis* (Gray, GR, 1845)　　莺鹛科 Sylviidae

英文名　Grey-headed Parrotbill

识别特征　小型鸟类（体长 12~14cm）。前额黑色。头顶至后颈灰色或深灰色。颊、颊白色。黑色眉纹延伸到枕部。眼圈周围发白。喉中心黑色。下体余部白色。虹膜红褐色；嘴橘黄色；脚灰色。

生态习性　栖息于常绿阔叶林、次生林、竹林和林缘灌丛中。主要以昆虫为食，也吃植物的果实和种子。

地理分布　见于大溪。

保护及濒危等级　《中国生物多样性红色名录》：无危（LC）；《IUCN红色名录》：无危（LC）。

298.棕头鸦雀 *Sinosuthora webbiana* (Gould, 1852)　莺鹛科 Sylviidae

英文名　Vinous-throated Parrotbill

识别特征　小型鸟类（体长 11~13cm）。头顶至上背棕红色。上体橄榄褐色。喉、胸粉红色，胸部颜色较深。下体余部淡黄褐色。翅棕红色。尾暗褐色。虹膜褐色或浅黄色；嘴灰色或褐色，嘴端色较浅；脚粉灰色。

生态习性　栖息于次生林、农田边缘、果园、灌丛、芦苇丛、城市园林等生境。主要以半翅目、鞘翅目、鳞翅目等昆虫为食，也吃植物的果实和种子。

地理分布　见于温岭各乡镇（街道）。

保护及濒危等级　《中国生物多样性红色名录》：无危（LC）；《IUCN红色名录》：无危（LC）。

299.短尾鸦雀 *Neosuthora davidiana* (Slater, 1897)　莺鹛科 Sylviidae

英文名　Short-tailed Parrotbill

识别特征　小型鸟类（体长 9~10cm）。头至颈棕红色。颏及喉黑色而无白色杂点，下喉有一淡黄色横带。背棕灰色。胸、腹灰黄色。尾短。虹膜褐色；嘴近粉色；脚近粉色。

生态习性　栖息于竹林、草地以及林缘。主要以昆虫为食，也吃植物的果实和种子。

地理分布　见于大溪。

保护及濒危等级　国家二级重点保护野生动物；《中国生物多样性红色名录》：近危（NT）；《IUCN红色名录》：无危（LC）。

300. 红胁绣眼鸟 *Zosterops erythropleurus* Swinhoe, 1863 　　　绣眼鸟科 Zosteropidae

英文名　Chestnut-flanked White-eye

识别特征　小型鸟类（体长10~12cm）。上体黄绿色。颏、喉黄色。眼周有显著的白色眼圈。前胸白色沾黄色；后胸两侧的苍灰色向中央延伸，连成一明显的胸带。下体白色。两胁栗红色。雌雄相似，但雌性胁部栗红色较淡。虹膜红褐色；嘴橄榄色；脚灰色。

生态习性　栖息于林中、林缘等生境。主要捕食昆虫，也吃蜘蛛、小螺等小型无脊椎动物。

地理分布　见于大溪。

保护及濒危等级　国家二级重点保护野生动物；《中国生物多样性红色名录》：无危（LC）；《IUCN红色名录》：无危（LC）。

301. 暗绿绣眼鸟 *Zosterops japonicus* Temminck & Schlegel, 1845

绣眼鸟科 Zosteropidae

英文名　Japanese White-eye

识别特征　小型鸟类（体长10~12cm）。上体橄榄绿色。额上或眼先没有黄色，具明显的白色眼圈，黑色的眼先线延伸到眼圈之下，止于眼圈一半宽度外。喉部和胸部上部为柠檬黄色，腹部为白色，侧面和整个下体通常为黄褐色，尾部下体为浅柠檬黄色。虹膜浅褐色；嘴灰色；脚偏灰色。

生态习性　栖息于林中、林缘、果园、农田、村庄边高大的树上。杂食性，食物主要有鳞翅目、鞘翅目、膜翅目等昆虫，也吃蜘蛛、小螺等小型无脊椎动物及植物的果实、种子。

地理分布　见于温岭各乡镇（街道）。

保护及濒危等级　《中国生物多样性红色名录》：无危（LC）；《IUCN红色名录》：无危（LC）。

302. 栗耳凤鹛 *Yuhina castaniceps* (Moore, F, 1854)　　　　绣眼鸟科 Zosteropidae

英文名　Striated Yuhina

识别特征　小型鸟类（体长14~15cm）。上体偏灰色，下体近白色，脸颊的栗色纹延伸至后颈圈。具短羽冠。耳后具栗色斑。上体白色羽轴形成细小纵纹。尾深褐灰色，羽缘白色。虹膜褐色；嘴红褐色，嘴端色深；脚粉红色。

生态习性　栖息于常绿阔叶林、混交林等生境。杂食性，主要以甲虫等昆虫为食，也吃植物的果实和种子。

地理分布　见于城南。

保护及濒危等级　《中国生物多样性红色名录》：无危（LC）；《IUCN红色名录》：无危（LC）。

303. 棕颈钩嘴鹛 *Pomatorhinus ruficollis* Hodgson, 1836　　　　林鹛科 Timaliidae

英文名　Streak-breasted Scimitar-babbler

识别特征　小型鸟类（体长16~19cm）。头顶橄榄褐色。眉纹白色，长而显著。颈圈栗色。眼先黑色。喉白色。胸具深栗色粗纵纹。胁棕褐色。虹膜褐色；上嘴黑色，下嘴黄色；脚铅褐色。

生态习性　栖息于阔叶林、次生林、竹林、林缘、茶园、果园、路旁树林和农田灌木丛多种生境。杂食性，主要捕食竹节虫、甲虫、双翅目、鳞翅目、半翅目等昆虫，也吃植物的果实和种子。

地理分布　见于城东、大溪、箬横、温峤、太平、城南、坞根。

保护及濒危等级　《中国生物多样性红色名录》：无危（LC）；《IUCN红色名录》：无危（LC）。

304. 红头穗鹛 *Cyanoderma ruficeps* (Blyth, 1874) 林鹛科 Timaliidae

英文名 Rufous-capped Babbler

识别特征 小型鸟类（体长约12cm）。顶冠棕色。眼先暗黄色。喉、胸及头侧沾黄色，喉具黑色细纹。颊和耳羽灰黄色。上体、两翅和尾表面灰橄榄绿色。下体黄橄榄色。虹膜红色；上嘴近黑色，下嘴较淡；脚棕绿色。

生态习性 栖息于常绿阔叶林、竹林、灌丛等生境。捕食鞘翅目、鳞翅目、直翅目、膜翅目、半翅目等昆虫为主，也吃少量植物的果实和种子。

地理分布 见于城东、城南、温峤、大溪、坞根、太平。

保护及濒危等级 《中国生物多样性红色名录》：无危（LC）；《IUCN红色名录》：无危（LC）。

305. 灰眶雀鹛 *Alcippe morrisonia* Swinhoe, 1863 幽鹛科 Pellorneidae

英文名 Grey-cheeked Fulvetta

识别特征 小型鸟类（体长13~15cm）。头顶及上背灰色。侧冠纹深色或不显。具明显的白色眼圈。喉偏泥黄色，具细小条纹。胸偏白色。上体余部橄榄褐色。下体大致浅皮黄色。虹膜红色；嘴灰色；脚偏粉色。

生态习性 栖息于林中、林缘、茶园、竹林、果园以及农田等各种生境。以鞘翅目、鳞翅目、膜翅目、蜻蜓目等昆虫为食，也吃植物的果实和种子。

地理分布 见于城西、大溪、太平、城南、坞根、温峤、泽国、城东。

保护及濒危等级 《中国生物多样性红色名录》：无危（LC）；《IUCN红色名录》：无危（LC）。

306.黑领噪鹛 *Garrulax pectoralis* (Gould,1836)　　噪鹛科 Leiothrichidae

英文名　Greater Necklaced Laughingthrush

识别特征　中型鸟类（体长26~35cm）。前额、头顶橄榄褐色。后颈棕色，形成宽阔领环。眉纹白色。脸颊具特色的黑白色杂斑。眼先白色。贯眼纹黑色。耳羽黑色而杂有白纹。后颈栗棕色，呈半环状。虹膜栗色；上嘴黑色，下嘴灰色；脚蓝灰。

生态习性　栖息于常绿阔叶林、混交林、次生林、竹林等多种生境。主要以甲虫、蜻蜓、蝇及鳞翅目等昆虫为食，也吃部分植物的果实和种子。

地理分布　见于温峤、城南。

保护及濒危等级　《中国生物多样性红色名录》：无危（LC）；《IUCN红色名录》：无危（LC）。

307.黑脸噪鹛 *Garrulax perspicillatus* (Gmelin,1789)　　噪鹛科 Leiothrichidae

英文名　Masked Laughingthrush

识别特征　中型鸟类（体长21~30cm）。前额、眼先、眼周、头侧和耳羽黑色。背暗灰褐色至尾上覆羽转为土褐色。外侧尾羽端宽，深褐色。下体偏灰色至腹部近白色。尾下覆羽黄褐色。虹膜褐色；嘴近黑色，嘴端较淡；脚红褐色。

生态习性　栖息于次生林、竹林、农田及村庄等生境。主要以昆虫为食，也吃玉米、稻谷、麦粒、番薯等农作物以及其他植物的果实、种子。

地理分布　见于松门、石桥头。

保护及濒危等级　《中国生物多样性红色名录》：无危（LC）；《IUCN红色名录》：无危（LC）。

308. 画眉 *Garrulax canorus* (Linnaeus, 1758)　　　　噪鹛科 Leiothrichidae

英文名　Chinese Hwamei

识别特征　体型略小（体长 21~24cm）。头顶、额、后颈和上背棕褐色。白色的眼圈在眼后延伸成狭窄的眉纹（画眉的名称由此而来）。耳羽、眼先暗棕色。下背棕橄榄褐色。腹部灰色。两胁棕褐色。尾下覆羽棕黄色。虹膜黄色；嘴偏黄色；脚偏黄色。

生态习性　栖息于林缘、农田、旷野、村落和城镇附近小树丛、竹林、庭院内。杂食性，捕食蝗虫、蝽象、松毛虫以及多种蛾类幼虫，也吃豌豆、稻谷、麦粒、番薯等农作物以及其他植物的果实、种子。

地理分布　见于城东、城南、温峤、大溪、太平、坞根、城北、箬横、松门、东部新区、石塘、新河、石桥头。

保护及濒危等级　国家二级重点保护野生动物；《中国生物多样性红色名录》：近危（NT）；《IUCN红色名录》：无危（LC）。

309. 红嘴相思鸟 *Leiothrix lutea* (Scopoli, 1786)　　　　噪鹛科 Leiothrichidae

英文名　Red-billed Leiothrix、Pekin Robin

识别特征　小型噪鹛（体长约15cm）。头顶、枕部、上体橄榄绿色。眼周有黄色块斑。下体橙黄色。尾近黑色而略分叉。翼略黑，红色和黄色的羽缘在歇息时成明显的翼纹。虹膜褐色；嘴红色；脚粉红色。

生态习性　栖息于常绿阔叶林、常绿和落叶混交林的灌丛、竹林等生境。主要以毛虫、甲虫、蚂蚁等昆虫为食，也吃植物的果实和种子。

地理分布　见于大溪。

保护及濒危等级　国家二级重点保护野生动物；《中国生物多样性红色名录》：无危（LC）；《IUCN红色名录》：无危（LC）。

310. 八哥 *Acridotheres cristatellus* (Linnaeus, 1758)　　椋鸟科 Sturnidae

英文名　Crested Myna

识别特征　中型鸟类（体长 23~28cm）。通体黑色。羽冠凸出，额部的黑色羽簇弯曲上翘。翅有大型白斑。两翅中央有明显的白斑，在飞行过程中从下方仰视，两块白斑呈"八"字形。尾羽具有白色端。虹膜橘黄色；嘴浅黄色，嘴基红色；脚暗黄色。

生态习性　栖息于城市、乡村、农田、公园、次生阔叶林、竹林、林缘等多种生境。杂食性，主要以蝗虫、金龟甲、毛虫、蝇等昆虫和蛇为食，也吃植物的果实和种子。

地理分布　见于温岭各乡镇（街道）。

保护及濒危等级　《中国生物多样性红色名录》：无危（LC）；《IUCN红色名录》：无危（LC）。

311. 黑领椋鸟 *Gracupica nigricollis* (Paykull, 1807)　　椋鸟科 Sturnidae

英文名　Black-collared Starling

识别特征　大型椋鸟（体长 27~31cm）。头白色。眼周、脸颊具黄色裸皮。颈部至上胸、背及两翼黑色，翼缘白色。腰白色。腹部白色。尾羽白色。虹膜黄色；嘴黑色；脚浅灰色。

生态习性　栖息于耕地、湿地附近的荒地、城镇等多种生境。主要以甲虫、鳞翅目幼虫、蝗虫等昆虫为食，也吃蚯蚓、蜘蛛等其他无脊椎动物和植物的果实、种子。

地理分布　见于箬横、东部新区、松门。

保护及濒危等级　《中国生物多样性红色名录》：无危（LC）；《IUCN红色名录》：无危（LC）。

312.北椋鸟 *Agropsar sturninus* (Pallas, 1776)   椋鸟科 Sturnidae

英文名　Daurian Starling

识别特征　体型略小（体长 16~19cm）。成年雄性头及胸灰色；颈背具黑色斑块；腹部白色；背部闪辉紫色；两翼闪辉绿黑色并具醒目的白色翼斑。雌性上体烟灰色；颈背具褐色点斑；两翼及尾黑色。虹膜褐色；嘴近黑色；脚绿色。

生态习性　栖息于阔叶林、针叶林、竹林、林缘等生境。主要捕食昆虫，也吃蚯蚓、蜘蛛等其他无脊椎动物和植物的果实、种子。

地理分布　见于泽国、城北、城南。

保护及濒危等级　《中国生物多样性红色名录》：无危（LC）；《IUCN红色名录》：无危（LC）。

313.紫背椋鸟 *Agropsar philippensis* (Forster, JR, 1781)   椋鸟科 Sturnidae

英文名　Chestnut-cheeked Starling

识别特征　小型椋鸟（体长 16~19cm）。雄性头浅灰色或皮黄色；脸颊具栗色斑块；颈侧亦沾栗色；下体偏白色；背辉壳的深紫罗蓝色；两翼及尾黑色；具白色肩纹。雌性上体灰褐色；下体偏白色；两翼及尾黑色。虹膜褐色；嘴黑色；脚深绿色。

生态习性　栖息于农田、城镇公园和海岸等生境。主要捕食鳞翅目、鞘翅目等昆虫，也吃植物的果实和种子。

地理分布　见于松门。

保护及濒危等级　《中国生物多样性红色名录》：无危（LC）；《IUCN红色名录》：无危（LC）。

314. 丝光椋鸟 *Spodiopsar sericeus* (Gmelin, JF, 1789)　　椋鸟科 Sturnidae

英文名　Red-billed Starling、Silky Starling

识别特征　中型椋鸟（体长 18~23cm）。雄性上体蓝灰色；头白色或沾浅黄色；颏、喉部近白色；从后颈至胸部有一暗紫色的环带；腰部和尾上覆羽稍淡些；两翼及尾羽黑色，翅上白斑明显；下体灰色；尾下覆羽白色。雌性似雄性，但头部为浅褐色，体羽较雄性暗淡。虹膜黑色；嘴大部红色，嘴端黑色；脚暗橘黄色。

生态习性　栖息于次生林、针叶林、阔叶林、农田、道路、村落附近的疏林、河谷和海岸多种生境。主要以甲虫、蝗虫、蜂等昆虫为食，也吃植物的果实和种子。

地理分布　见于城东、城南、大溪、温峤、横峰、城北、箬横、石桥头、新河、城西、泽国、松门、滨海、太平。

保护及濒危等级　《中国生物多样性红色名录》：无危（LC）；《IUCN红色名录》：无危（LC）。

315. 灰椋鸟 *Spodiopsar cineraceus* (Temminck, 1835)　　椋鸟科 Sturnidae

英文名　White-cheeked Starling

识别特征　中型椋鸟（体长 19~23cm）。头上部黑色而两侧白色。脸颊白色。臀、外侧尾羽羽端及次级飞羽具白色狭窄横纹。腰部白色明显。尾下覆羽白色。雌性色浅而暗。虹膜偏红色；嘴大部黄色，尖端黑色；脚暗橘黄色。

生态习性　栖息于阔叶林、河谷、农田、路边和居民点附近的小块树林等。杂食性，主要吃鳞翅目、鞘翅目、直翅目、膜翅目和双翅目等昆虫，秋、冬季则主要以植物的果实和种子为主。

地理分布　见于新河、城东、大溪、石塘、温峤、松门、城西、箬横。

保护及濒危等级　《中国生物多样性红色名录》：无危（LC）；《IUCN红色名录》：无危（LC）。

316.紫翅椋鸟 *Sturnus vulgaris* Linnaeus, 1758　　椋鸟科 Sturnidae

英文名　Common Starling

识别特征　中型椋鸟（体长 19~22cm）。通体大部蓝黑色，具金属光泽。头、喉及前颈部呈辉亮的铜绿色。背、肩、腰及尾上复羽为紫铜色，且具淡黄色羽端，略似白斑。腹部为沾绿色的铜黑色。翅黑褐色。非繁殖期通体布满白色斑点。虹膜深褐色；嘴黄色；脚略红色。

生态习性　栖息于果园、农田、开阔多树的村庄内等各种生境。以尺蛾、柳毒蛾、红松叶蜂等昆虫为食，但在秋季也聚集在果园中窃食果子或在稻田中啄食稻谷。

地理分布　见于箬横。

保护及濒危等级　《中国生物多样性红色名录》：无危（LC）；《IUCN红色名录》：无危（LC）。

317.白眉地鸫 *Geokichla sibirica* (Pallas, 1776)　　鸫科 Turdidae

英文名　Siberian Thrush

识别特征　中型鸟类（体长 20~23cm）。眉纹显著。雄性大部石板灰黑色；眉纹白色；颊纹长；飞羽暗褐色；腹中部白色；尾下覆羽具白色斑。雌性大部橄榄褐色；眉纹较雄性细；胸、腹、胁具鳞状斑；下体皮黄色及赤褐色。虹膜褐色；嘴黑色；脚黄色。

生态习性　栖息于阔叶林、针叶林、林缘、道旁、农田、村庄附近等各种生境。杂食性，主要以金龟甲、步甲、叩甲等昆虫为食，也吃少量植物的果实和种子。

地理分布　见于箬横、温峤、太平、坞根。

保护及濒危等级　《中国生物多样性红色名录》：无危（LC）；《IUCN红色名录》：无危（LC）。

318. 虎斑地鸫 *Zoothera aurea* (Holandre, 1825)　　鸫科 Turdidae

英文名　White's Thrush、Scaly Thrush

识别特征　鸫类中最大的 1 种（体长 26~30cm）。上体大部褐色，满布黑斑。下体浅棕白色。背部颜色较浅，偏金黄色或黄褐色。黑色及皮黄色的羽缘使其通体满布鳞状斑纹。除颏、喉、下腹中部外，各羽先端亦具黑斑。虹膜褐色；嘴深褐色；脚带粉色。

生态习性　栖息于针叶林、阔叶林、针阔叶混交林、溪流附近及城市公园、林缘地带等生境。杂食性，主要以昆虫和其他无脊椎动物为食，也吃少量植物的嫩叶、果实、种子。

地理分布　见于大溪、箬横、温峤、城东、城西、太平、城南、新河、石塘。

保护及濒危等级　《中国生物多样性红色名录》：无危（LC）；《IUCN红色名录》：无危（LC）。

319. 灰背鸫 *Turdus hortulorum* Sclater, PL, 1863　　鸫科 Turdidae

英文名　Grey-backed Thrush

识别特征　中型鸟类（体长 18~23cm）。两胁红棕色。雄性上体全灰色；喉灰色或偏白色；胸灰色；腹中心及尾下覆羽白色；两胁及翼下橘黄色。雌性上体褐色较重；喉及胸白色；胸部具箭头状黑斑；大覆羽和飞羽更偏棕色。虹膜褐色；嘴黄色；脚肉色。

生态习性　栖息于针阔叶混交林、针叶林、常绿阔叶林、河谷、林缘、果园和农田等生境。杂食性，主要以鞘翅目、鳞翅目、双翅目等昆虫为食，也吃蚯蚓等其他动物和植物的果实和种子。

地理分布　见于大溪、箬横、温峤、城东、石桥头、坞根、太平、城南、石塘、城北。

保护及濒危等级　《中国生物多样性红色名录》：无危（LC）；《IUCN红色名录》：无危（LC）。

320. 乌灰鸫 *Turdus cardis* Temminck, 1831 　　　　鸫科 Turdidae

英文名　Japanese Thrush

识别特征　中型鸟类（体长 18~23cm）。雄性上体纯黑灰色；头及上胸黑色；下体余部白色，腹部及两胁具黑色点斑。雌性上体灰褐色；下体白色，上胸具偏灰色的横斑，两胁沾赤褐色，胸及两侧具黑色点斑。虹膜褐色；嘴雄性黄色，雌性近黑色；脚肉色。

生态习性　主要栖息于阔叶林、针阔叶混交林、松树林、林缘灌丛、农田和村庄附近的小树林内。主要以昆虫为食，也吃植物的果实和种子。

地理分布　见于大溪、箬横、温峤、城东、太平、坞根、城南、松门、石塘。

保护及濒危等级　《中国生物多样性红色名录》：无危（LC）；《IUCN红色名录》：无危（LC）。

321. 乌鸫 *Turdus mandarinus* Bonaparte, 1850 　　　　鸫科 Turdidae

英文名　Eurasian Blackbird、Common Blackbird、Chinese Blackbird

识别特征　体型略大（体长 28~29cm）。雄性全身黑色，体羽沾绣色；眼圈黄色；下体色稍淡；颏缀以棕色羽缘；喉微染棕色而微具黑褐色纵纹。雌性较雄性色淡，喉、胸有暗色纵纹。虹膜褐色；嘴雄性黄色，雌性黑色；脚褐色。

生态习性　栖息于次生林、阔叶林、针阔叶混交林、针叶林、农田旁树林、果园、村庄、城市各种绿地。主要以鳞翅目、双翅目、鞘翅目、直翅目等昆虫为食，也吃植物的果实和种子。

地理分布　见于温岭各乡镇（街道）。

保护及濒危等级　《中国生物多样性红色名录》：无危（LC）；《IUCN红色名录》：无危（LC）。

322. 白眉鸫 *Turdus obscurus* Gmelin, JF, 1789

鸫科 Turdidae

英文名 Eyebrowed Thrush

识别特征 中型鸟类（体长 20~24cm）。白色贯眼纹明显。雄性头、颈灰褐色，眼下有一白斑，上体橄榄褐色，胸和两胁橙黄色，腹和尾下覆羽白色。雌性头和上体橄榄褐色，喉白色而具褐色条纹。虹膜褐色；嘴基黄色，嘴端黑色；脚偏黄色至深肉棕色。

生态习性 栖息于常绿阔叶林、针叶林、林缘、果园和农田地带。杂食性，主要以鞘翅目、鳞翅目等昆虫为食，也吃其他小型无脊椎动物和植物的果实、种子。

地理分布 见于松门、太平、城南、石塘、新河、温峤、泽国、大溪。

保护及濒危等级 《中国生物多样性红色名录》：无危（LC）；《IUCN红色名录》：无危（LC）。

323. 白腹鸫 *Turdus pallidus* Gmelin, JF, 1789

鸫科 Turdidae

英文名 Pale Thrush

识别特征 中型鸟类（体长 22~23cm）。雄性额、头顶和颈灰褐色；脸和喉部灰色；无眉纹；上体橄榄褐色；胸和两胁灰褐色；其余下体白色；尾羽两端白色，飞行时易见。雌性喉部白色，脸部颜色较浅且多斑纹。虹膜褐色；上嘴灰色，下嘴黄色；脚浅褐色。

生态习性 栖息于混交林、林缘、公园、果园和农田等生境。杂食性，主要以步甲、蝗虫、蚂蚁及鳞翅目、双翅目等昆虫为食，也吃植物的果实和种子。

地理分布 见于城东、温峤、大溪、箬横、泽国、滨海、东部新区、松门、太平、城南、石桥头、坞根、石塘、城北、新河。

保护及濒危等级 《中国生物多样性红色名录》：无危（LC）；《IUCN红色名录》：无危（LC）。

324. 赤胸鸫 *Turdus chrysolaus* Temminck, 1832   鸫科 Turdidae

英文名 Brown-headed Thrush

识别特征 中等体型（体长 23~34cm）。腹及臀白色；上体、翼及尾全褐色。雄性额棕色；脸颊、喉及胸均为浓厚的黑色；胁部橙色；尾下覆羽白色，杂以深色斑点。雌性头褐色，喉偏白色。虹膜褐色；上嘴角质色，下嘴较浅；脚黄褐色。

生态习性 栖息于混交林、针叶林、林缘、公园等多种生境。主要以昆虫为食，也吃其他小型无脊椎动物和植物的果实、种子。

地理分布 见于泽国、温峤、大溪、城南、石塘、城北、新河。

保护及濒危等级 《中国生物多样性红色名录》：无危（LC）；《IUCN红色名录》：无危（LC）。

325. 红尾斑鸫 *Turdus naumanni* Temminck, 1820   鸫科 Turdidae

英文名 Naumann's Thrush

识别特征 中型鸟类（体长 20~24cm）。眼上有清晰的淡棕色眉纹。耳羽棕褐色。背部棕褐色。胸、胁部具深橘红色斑点。下体白色。腰、尾羽、翅下覆羽深橘红色。虹膜褐色；上嘴偏黑色，下嘴黄色；脚淡褐色。

生态习性 栖息于林地、农田边缘、城市绿地等生境。主要以鳞翅目、双翅目、鞘翅目、直翅目、半翅目等昆虫为食。

地理分布 见于松门。

保护及濒危等级 《中国生物多样性红色名录》：无危（LC）；《IUCN红色名录》：无危（LC）。

326. 斑鸫 *Turdus eunomus* Temminck, 1831　　鸫科 Turdidae

英文名　Dusky Thrush

识别特征　中型鸟类（体长 19~24cm）。雄性上体从头至尾暗橄榄褐色，杂有黑色；眉纹白色或棕白色；下体白色，喉、颈侧、胁和胸具黑色斑点，有时在胸部密集成横带；两翅和尾黑褐色。雌性喉部黑斑较多，上体橄榄色较明显，背偏棕色。虹膜褐色；上嘴偏黑色，下嘴黄色；脚淡褐色。

生态习性　栖息于针叶林、阔叶林、农田、地边、果园，以及村镇附近疏林、灌丛、草地等多种生境。主要以鳞翅目、双翅目、鞘翅目、直翅目等昆虫为食。

地理分布　见于泽国、太平、坞根、箬横、石桥头、温峤、城南、大溪、城北。

保护及濒危等级　《中国生物多样性红色名录》：无　危（LC）；《IUCN红色名录》：无危（LC）。

327. 日本歌鸲 *Larvivora akahige* (Temminck, 1835)　　鹟科 Muscicapidae

英文名　Japanese Robin

识别特征　小型鸟类（体长 13~15cm）。额、头和颈的两侧、颏、喉及上胸等部位均为深橙棕色；上体包括两翅表面均呈黄褐色；上胸和下胸之间有道狭窄黑带；下胸及两胁灰色；尾栗红色。雌性脸部橘红色较雄性浅；胸无黑带；两胁灰褐色。虹膜褐色；嘴黑色；脚粉红色。

生态习性　栖息于混交林、阔叶林、次生林、疏林灌丛地带。杂食性，主要捕食毛虫、甲虫、苍蝇、白蚁、黄蜂等昆虫及蜘蛛，有时也啄食植物的果实。

地理分布　见于温峤、坞根、大溪。

保护及濒危等级　《中国生物多样性红色名录》：无　危（LC）；《IUCN红色名录》：无危（LC）。

328. 蓝歌鸲 *Larvivora cyane* (Pallas, 1776)　　鹟科 Muscicapidae

英文名　Siberian Blue Robin

识别特征　小型鸟类（体长 12~14cm）。雄性上体蓝色；眼先、头侧、颊部、耳羽近黑色；颈侧深蓝色；下体白色。雌性上体橄榄褐色，下体黄褐色，胸部具不明显鳞状斑纹。腰及尾上覆羽略显蓝色。虹膜褐色；嘴黑色；脚粉白色。

生态习性　栖息于林中、河谷沿岸、道路两边。主要以叶蜂、象甲、叩甲、步甲、蚂蚁等昆虫为食，也吃蜘蛛、小蚌壳等其他无脊椎动物。

地理分布　见于温峤。

保护及濒危等级　《中国生物多样性红色名录》：无危（LC）；《IUCN红色名录》：无危（LC）。

329. 红尾歌鸲 *Larvivora sibilans* Swinhoe, 1863　　鹟科 Muscicapidae

英文名　Rufous-tailed Robin

识别特征　小型鸟类（体长 13~15cm）。上体橄榄褐色；尾羽棕栗色；下体近白色；颏、喉污灰白色，微沾皮黄色；胸部具鳞状斑纹；两胁橄榄灰白色；腹部和尾下覆羽污灰白色。雌性尾棕色。虹膜褐色；嘴黑色；脚粉褐色。

生态习性　栖息于混交林、针叶林、公园、果园、沿海防风林中的竹林、灌丛等地带。主要以鳞翅目、双翅目、鞘翅目、直翅目等昆虫为食。

地理分布　见于松门、大溪。

保护及濒危等级　《中国生物多样性红色名录》：无危（LC）；《IUCN红色名录》：无危（LC）。

330.北红尾鸲 *Phoenicurus auroreus* (Pallas, 1776) 鹟科 Muscicapidae

英文名 Daurian Redstart

识别特征 小型鸟类（体长 13~15cm）。具明显而宽大的三角形白色翼斑。雄性眼先、头侧、喉、上背及两翼褐黑色，仅翼斑白色；头顶及颈背灰色而具银色边缘；中央尾羽深黑褐色；体羽余部栗褐色。雌性褐色，眼圈及尾皮黄色，但色较雄性暗淡。虹膜褐色；嘴黑色；脚黑色。

生态习性 栖息于森林、河谷、林缘、居民点附近的灌丛、花园、公园、农田等多种生境。主要以鞘翅目、鳞翅目、直翅目、半翅目、双翅目、膜翅目等昆虫为食。

地理分布 见于温岭各乡镇（街道）。

保护及濒危等级 《中国生物多样性红色名录》：无危（LC）；《IUCN红色名录》：无危（LC）。

331.红尾水鸲 *Rhyacornis fuliginosa* (Vigors, 1831) 鹟科 Muscicapidae

英文名 Plumbeous Water Redstart

识别特征 小型鸟类（体长 12~13cm）。雄性通体大部暗灰蓝色；翅黑褐色；尾羽和尾上、下覆羽均栗红色。雌性上体灰褐色；翅褐色，具 2 道白色点状斑；下体密布鳞状纹；尾羽大部黑褐色；尾下覆羽、外侧尾羽和腰羽纯白色。虹膜深褐色；嘴黑色；脚褐色。

生态习性 栖息于溪流、河谷沿岸、湖泊、水库、水塘岸边等生境。主要以鞘翅目、鳞翅目、膜翅目、双翅目、半翅目、直翅目、蜻蜓目等昆虫为食，也吃植物的果实和种子。

地理分布 见于城东、大溪、城南。

保护及濒危等级 《中国生物多样性红色名录》：无危（LC）；《IUCN红色名录》：无危（LC）。

温岭市野生动物

332.红喉歌鸲 *Calliope calliope* (Pallas, 1776)

鹟科Muscicapidae

英文名 Siberian Rubythroat

识别特征 中等体型（体长14~16cm）。雄性橄榄褐色；眉纹白色；颏部、喉部红色，周围有黑色狭纹；胸部灰色；腹部白色。雌性颏部、喉部为白色；胸沙褐色；眉纹和颧纹淡黄色且不明显。虹膜褐色；嘴深褐色；脚粉褐色。

生态习性 栖息于次生林、混交林、竹林、芦苇丛等生境。主要以蚂蚁、蝗虫、甲虫、蜂等昆虫为食，也吃少量植物性食物。

地理分布 见于石塘、坞根、大溪、温峤。

保护及濒危等级 国家二级重点保护野生动物；《中国生物多样性红色名录》：无危（LC）；《IUCN红色名录》：无危（LC）。

333.红胁蓝尾鸲 *Tarsiger cyanurus* (Pallas, 1773)

鹟科Muscicapidae

英文名 Red-flanked Bluetail

识别特征 小型鸟类（体长12~14cm）。具白色眉纹。雄性上体钴蓝色。头顶两侧、翅上小覆羽和尾上覆羽为鲜亮辉蓝色。尾黑褐色。颏、喉、胸中央棕白色，胸侧灰蓝色。腹至尾下覆羽白色。两胁橙红色或橙棕色。雌性上体褐色，尾蓝色。虹膜褐色；嘴黑色；脚灰色。.

生态习性 栖息于针叶林、针阔叶混交林、果园、村寨附近的疏林、灌丛等多种生境。主要以甲虫、天牛、蚂蚁、金龟子、蚊、蜂等昆虫为食，也吃少量植物的果实和种子。

地理分布 见于城东、大溪、温峤、箬横、太平、城南、石桥头、坞根、松门、石塘、城北、新河。

保护及濒危等级 《中国生物多样性红色名录》：无危（LC）；《IUCN红色名录》：无危（LC）。

334.鹊鸲 *Copsychus saularis* (Linnaeus, 1758)　　　鹟科Muscicapidae

英文名　Oriental Magpie-robin

识别特征　中型鸟类（体长 19~22cm）。雄性头、胸及背闪辉蓝黑色；两翼及中央尾羽黑色，外侧尾羽及覆羽上的条纹白色；腹及臀亦白色。雌性似雄性，但多以暗灰色取代雄性的黑色；上体灰褐色；翅具白斑；下体前部亦为灰褐色。虹膜褐色；嘴及脚黑色。

生态习性　栖息于次林中、林缘、农田、路边、果园、城市公园、庭院树上。杂食性，捕食鞘翅目、鳞翅目、直翅目、膜翅目、双翅目等昆虫，也吃蜘蛛、小螺、蜈蚣等其他小型无脊椎动物及植物的果实、种子。

地理分布　见于温岭各乡镇（街道）。

保护及濒危等级　《中国生物多样性红色名录》：无危（LC）；《IUCN红色名录》：无危（LC）。

335.小燕尾 *Enicurus scouleri* Vigors, 1832　　　鹟科Muscicapidae

英文名　Little Forktail

识别特征　小型鸟（体长 12~14cm）。额、头顶前部、腰和尾上覆羽为白色。颏、喉和上胸黑色。腰部白色间横贯 1 道黑斑。上体黑色。下体白色。两翅黑褐色，大覆羽先端及次级飞羽基部白色，形成 1 道明显的白色翼斑。尾短，具浅叉；外侧尾羽几乎全为白色。虹膜褐色；嘴黑色；脚粉白色。

生态习性　栖息于河谷沿岸、林区溪流、瀑布等生境。以水生昆虫为食，主要有鞘翅目、鳞翅目、膜翅目等昆虫，也吃蜘蛛。

地理分布　见于泽国。

保护及濒危等级　《中国生物多样性红色名录》：无危（LC）；《IUCN红色名录》：无危（LC）。

336.灰背燕尾 *Enicurus schistaceus* (Hodgson, 1836)　　　　鹟科Muscicapidae

英文名　Slaty-backed Forktail

识别特征　中型鸟类（体长21~24cm）。额基、眼先、颊和颈侧黑色。前额至眼圈上方白色。头顶至背蓝灰色。腰和尾上覆羽白色。飞羽黑色。尾羽呈叉状，大部呈黑色，其基部和端部白色，最外侧2对尾羽纯白色。额至上喉黑色。下体余部纯白色。虹膜褐色；嘴黑色；脚粉红色。

生态习性　栖息于山涧溪流、河谷岸边及河流中的岩石等生境。主要以水生昆虫、蚂蚁、毛虫、螺类等为食。

地理分布　见于石塘。

保护及濒危等级　《中国生物多样性红色名录》：无危（LC）；《IUCN红色名录》：无危（LC）。

337.白额燕尾 *Enicurus leschenaulti* (Vieillot, 1818)　　　　鹟科Muscicapidae

英文名　White-crowned Forktail

识别特征　中型鸟类（体长25~28cm）。前额和顶冠白色。通体黑白相杂。头大部、颈背及胸黑色。腹、下背及腰白色。两翼和尾大部黑色，具白色翅斑；尾叉甚长而羽端白色；2枚最外侧尾羽全白。虹膜褐色；嘴黑色；脚偏粉。

生态习性　栖息于山涧溪流、河谷岸边及河流中的岩石等生境。主要以水生昆虫为食，也吃蝗虫、蚂蚁、蜘蛛、苍蝇等。

地理分布　见于大溪、太平、箬横、城南、新河、城东、城西、松门。

保护及濒危等级　《中国生物多样性红色名录》：无危（LC）；《IUCN红色名录》：无危（LC）。

338. 黑喉石䳭 *Saxicola maurus* (Pallas, 1773)　　　　鹟科 Muscicapidae

英文名　African Stonechat、Siberian Stonechat

识别特征　小型鸟类（体长12~15cm）。雄性头部及飞羽黑色；背深褐色；颈及翼上具粗大的白斑；腰白色；胸棕色；下体余部及两胁棕色较浓。雌性色较暗而无黑色；下体皮黄色，仅翼上具白斑。虹膜深褐色；嘴黑色；脚近黑色。

生态习性　栖息于平原、草地、沼泽、湖泊等生境。主要以蝗虫、叩甲、吉丁虫、螟蛾、蜂、蚂蚁等昆虫为食，也吃蚯蚓、蜘蛛等其他无脊椎动物，以及少量植物的果实、种子。

地理分布　见于大溪。

保护及濒危等级　《中国生物多样性红色名录》：无危（LC）；《IUCN红色名录》：无危（LC）。

339. 蓝矶鸫 *Monticola solitarius* (Linnaeus, 1758)　　　　鹟科 Muscicapidae

英文名　Blue Rock Thrush

识别特征　中型鸟类（体长20~30cm）。雄性大部辉蓝色；眼先具淡黑色及近白色的鳞状斑纹；腹部及尾下深栗色；翼羽蓝黑色。雌性上体灰色沾蓝色，下体皮黄色而密布黑色鳞状斑纹。虹膜褐色；嘴黑色；脚黑色。

生态习性　栖息于海滨岩石、林中、城镇、村庄、公园和果园等生境。主要以金龟甲、步甲、蝗虫、鳞翅目幼虫、蜂、蜻蜓、叩甲等昆虫为食。

地理分布　见于松门、大溪、城东、城南、东部新区、石塘、箬横。

保护及濒危等级　《中国生物多样性红色名录》：无危（LC）；《IUCN红色名录》：无危（LC）。

340. 紫啸鸫 *Myophonus caeruleus* (Scopoli, 1786)　　鹟科 Muscicapidae

英文名　Blue Whistling Thrush

识别特征　中型鸟类（体长 29~35cm）。通体深蓝紫色且发黑，仅翼覆羽具少量浅色点斑。翼及尾沾辉亮紫色，头及颈部的羽尖具闪光小羽片。虹膜褐色；嘴黄色或黑色；脚黑色。

生态习性　栖息于常绿阔叶林、针阔叶混交林、竹林、林缘、溪流沿岸等生境。杂食性，主要以金龟甲、象甲、步甲、蝗虫、蜻象和蝇蛆等昆虫为食，也吃蚌和小蟹等其他动物，偶尔吃少量植物的果实和种子。

地理分布　见于坞根、城南、石塘、泽国、温峤、城西、大溪、石桥头、松门、新河、箬横、太平。

保护及濒危等级　《中国生物多样性红色名录》：无危（LC）；《IUCN红色名录》：无危（LC）。

341. 灰纹鹟 *Muscicapa griseisticta* (Swinhoe, 1861)　　鹟科 Muscicapidae

英文名　Grey-streaked Flycatcher

识别特征　小型鸟类（体长 13~15cm）。眼圈白色。下体白色。胸及两胁满布深灰色纵纹。额具一狭窄的白色横带。翼长，几至尾端，白色翼斑狭窄。虹膜褐色；嘴黑色；脚黑色。

生态习性　栖息于阔叶林、针叶林、林缘及城市公园溪流附近生境。主要以昆虫为食。

地理分布　见于温峤、大溪。

保护及濒危等级　《中国生物多样性红色名录》：无危（LC）；《IUCN红色名录》：无危（LC）。

342. 乌鹟 *Muscicapa sibirica* Gmelin, JF, 1789　　鹟科 Muscicapidae

英文名　Dark-sided Flycatcher

识别特征　小型鸟类（体长 12~13cm）。上体深灰色。翼上具不明显皮黄色斑纹。下体大部白色。两胁深色，具烟灰色杂斑。胸、腹部具灰褐色模糊带斑。白色眼圈明显。喉白色。下脸颊具黑色细纹。停栖时，翼至尾的 2/3 处。虹膜深褐色；嘴黑色；脚黑色。

生态习性　栖息于混交林、针叶林、次生林和林缘地带。杂食性，主要以金龟甲、象甲、蝗虫、胡蜂、鳞翅目等昆虫为食，也吃少量植物种子。

地理分布　见于城南、大溪。

保护及濒危等级　《中国生物多样性红色名录》：无危（LC）；《IUCN红色名录》：无危（LC）。

343. 北灰鹟 *Muscicapa dauurica* Pallas, 1811　　鹟科 Muscicapidae

英文名　Asian Brown Flycatcher

识别特征　小型鸟类（体长 12~14cm）。额基、眼先、眼圈白色或污白色。上体灰褐色。翅暗褐色，翅上大覆羽具窄的灰色端缘，三级飞羽具棕白色羽缘。胸和两胁淡灰褐色。下体灰白色。尾暗褐色。虹膜褐色；嘴大部黑色，下嘴基黄色；脚黑色。

生态习性　常栖息于阔叶林、混交林、针叶林、林缘地带及城市公园中。主要以鞘翅目、鳞翅目、直翅目等昆虫为食，也吃蜘蛛、蚯蚓等其他无脊椎动物。

地理分布　见于箬横、太平、东部新区、城东。

保护及濒危等级　《中国生物多样性红色名录》：无危（LC）；《IUCN红色名录》：无危（LC）。

344. 黄眉姬鹟 *Ficedula narcissina* (Temminck, 1836)　鹟科Muscicapidae

英文名　Narcissina Flycatcher

识别特征　小型鸟类（体长 13~15cm）。雄性眉纹黄色；颊、喉亮黄色；上体大部分黑色，翅黑色，具白斑；胸中央和上腹亮黄色，胸侧黑色；下体白色；尾黑色。雌性上体灰橄榄色；下背至尾上覆羽橄榄绿色；两翅淡橄榄褐色，羽缘灰橄榄色；下体污白色；尾和尾上覆羽红褐色。虹膜深褐色；嘴蓝黑色；脚铅蓝色。

生态习性　栖息于阔叶林、针阔叶混交林、林缘、果园等生境。主要以鞘翅目、鳞翅目、直翅目、膜翅目等昆虫为食。

地理分布　见于城东、城北。

保护及濒危等级　《中国生物多样性红色名录》：无危（LC）；《IUCN红色名录》：无危（LC）。

345. 鸲姬鹟 *Ficedula mugimaki* (Temminck, 1836)　鹟科Muscicapidae

英文名　Mugimaki Flycatcher

识别特征　小型鸟类（体长 12~14cm）。雄性上体灰黑色；狭窄的白色眉纹位于眼后；翼上具明显的白斑；尾基部羽缘白色；喉、胸及腹侧橘黄色；腹中心及尾下覆羽白色。雌性上体、腰褐色；下体似雄性，但色淡；尾无白色。虹膜深褐色；嘴黑色；脚深褐色。

生态习性　栖息于阔叶林、针叶林、针阔叶混交林、林缘及果园等生境。主要以鞘翅目、鳞翅目、直翅目、膜翅目等昆虫为食。

地理分布　见于松门、石桥头。

保护及濒危等级　《中国生物多样性红色名录》：无危（LC）；《IUCN红色名录》：无危（LC）。

346.白腹蓝鹟 *Cyanoptila cyanomelana* (Temminck, 1829) 鹟科 Muscicapidae

英文名 Blue-and-white Flycatcher

识别特征 小型鸟类（体长14~17cm）。雄性脸、喉及上胸近黑色；上体闪光钴蓝色；下胸、腹及尾下覆羽白色；外侧尾羽基部白色；深色的胸与白色的腹部截然分开。雌性上体灰褐色；两翼及尾褐色；喉中心及腹部白色。虹膜褐色；嘴及脚黑色。

生态习性 栖息于阔叶林、混交林、林缘等生境。主要捕食鳞翅目幼虫、步甲、叩甲、象甲、金龟甲、沫蝉幼虫、蝗虫等昆虫，也吃蜘蛛。

地理分布 见于大溪。

保护及濒危等级 《中国生物多样性红色名录》：无危（LC）；《IUCN红色名录》：无危（LC）。

347.铜蓝鹟 *Eumyias thalassinus* (Swainson, 1838) 鹟科 Muscicapidae

英文名 Verditer Flycatcher

识别特征 小型鸟类（体长13~16cm）。尾下覆羽具偏白色鳞状斑纹。雄性眼先黑色；体羽为鲜艳的铜蓝色。雌性体色较雄性略浅；眼先灰色；颏近灰白色。虹膜褐色；嘴黑色；脚近黑色。

生态习性 栖息于常绿阔叶林、针阔叶混交林、林缘等生境，主要以鳞翅目、鞘翅目、直翅目等昆虫为食，也吃植物的果实和种子。

地理分布 见于大溪。

保护及濒危等级 《中国生物多样性红色名录》：无危（LC）；《IUCN红色名录》：无危（LC）。

348. 小太平鸟 *Bombycilla japonica* (Siebold, 1824)　　　太平鸟科 Bombycillidae

英文名　Japanese Waxwing

识别特征　小型鸟类（体长 16~17cm）。额、头顶前部栗褐色，头顶后部栗灰色，形成明显的羽冠。眼先、眼上缘至枕部呈黑色；上体灰褐色；胸、腹栗灰色；尾具黑色次端斑和红色尖端斑；尾下覆羽红色。虹膜暗红色；嘴近黑色；脚黑色。

生态习性　栖息于针叶林、针阔叶混交林、阔叶林的林缘地带。以植物的果实、种子、嫩叶为主食，兼食少量昆虫。

地理分布　见于太平。

保护及濒危等级　《中国生物多样性红色名录》：无危（LC）；《IUCN红色名录》：近危（NT）。

349. 丽星鹩鹛 *Elachura formosa* (Walden, 1874)　　　丽星鹩鹛科 Elachuridae

英文名　Spotted Wren-babbler

识别特征　体小（体长约10cm）。尾短。上体深褐色而带白色小点斑；两翼及尾具棕色及黑色横斑；下体皮黄褐色而多具黑色虫蠹状斑及白色小点斑。虹膜深褐色；嘴角质褐色；脚角质褐色。

生态习性　栖息于林下灌木和草本植物发达的阴暗而潮湿的常绿阔叶林、溪流、沟谷等生境。主要以昆虫为食。

地理分布　见于太平、城西、城东。

保护及濒危等级　《中国生物多样性红色名录》：近危（NT）；《IUCN红色名录》：无危（LC）。

350. 叉尾太阳鸟 *Aethopyga christinae* Swinhoe, 1869　　花蜜鸟科 Nectariniidae

英文名　Fork-tailed Sunbird

识别特征　小型鸟类（体长 9~12cm）。雄性额、头顶、后颈黑色，羽末端有金色和绿色光泽；喉和胸鲜红色；上体橄榄绿色或近黑色；腰黄色；尾上覆羽及中央尾羽金属绿色，中央 2 枚尾羽有尖细的延长，外侧尾羽大部黑色而端白色；下体余部污橄榄白色。雌性上体橄榄绿色；下体米白色。虹膜褐色；嘴黑色；脚暗褐色。

生态习性　栖息于林缘、村庄和城市花园等原始或次生的茂密阔叶林边缘。主要以昆虫和花蜜为食。

地理分布　见于大溪、箬横、城南、坞根、新河、城西。

保护及濒危等级　浙江省重点保护野生动物；《中国生物多样性红色名录》：无危（LC）；《IUCN红色名录》：无危（LC）。

351. 白腰文鸟 *Lonchura striata* (Linnaeus, 1766)　　梅花雀科 Estrildidae

英文名　White-rumped Munia

识别特征　小型鸟类（体长 10~12cm）。上体深褐色；具尖形的黑色尾；腰白色；下胸至腹污白色，与深褐色的上胸分界明显；背上有白色纵纹；下体具细小的皮黄色鳞状斑及细纹。虹膜褐色；嘴灰色；脚灰色。

生态习性　栖息于林缘、灌木林、苗圃、花园、稻田及村庄等多种生境。以植物的果实和种子为主食，特别喜欢稻谷，夏季也吃一些昆虫。

地理分布　见于新河、城东、太平、大溪、温峤、城南、泽国、滨海、箬横、城西、坞根、石桥头、松门、石塘。

保护及濒危等级　《中国生物多样性红色名录》：无危（LC）；《IUCN红色名录》：无危（LC）。

352.斑文鸟 *Lonchura punctulata* (Linnaeus, 1758)

梅花雀科 Estrildidae

英文名 Scaly-breasted Munia、Spice Finch

识别特征 小型鸟类（体长10~12cm）。额、眼先栗褐色，羽端稍淡；头顶、后颈、背、肩淡棕褐色或淡栗黄色；上体褐色，羽轴白色而成纵纹；喉红褐色；下体白色；腰浅褐色；胸、腹部具浓密的暗色鳞斑。虹膜红褐色；嘴黑色；脚铅褐色。

生态习性 栖息于庭院、村边、农田、溪边树上、灌丛与竹林多种生境。主要以谷粒等农作物为食，也吃野生植物的果实、种子以及昆虫。

地理分布 见于城东、大溪、箬横、石桥头、城南、温峤、泽国、坞根、太平、横峰、城北、新河、松门。

保护及濒危等级 《中国生物多样性红色名录》：无危（LC）；《IUCN红色名录》：无危（LC）。

353.山麻雀 *Passer cinnamomeus* (Gould, 1836)

雀科 Passeridae

英文名 Russet Sparrow

识别特征 小型鸟类（体长12~15cm）。雄性顶冠及上体为鲜艳的黄褐色或栗色；贯眼纹黑色；上背具纯黑色纵纹；喉黑色；脸颊污白色。雌性羽色较暗；眉纹皮黄色；贯眼纹棕褐色。虹膜褐色；嘴灰色（雄性）、黄色而嘴端色深（雌性）；脚粉褐色。

生态习性 栖息于林缘疏林、灌丛、草丛、农田及村庄附近等生境。主要以昆虫为食，也吃稻谷、小麦、玉米等植物的果实和种子。

地理分布 见于泽国、大溪。

保护及濒危等级 《中国生物多样性红色名录》：无危（LC）；《IUCN红色名录》：无危（LC）。

354. 麻雀 *Passer montanus* (Linnaeus, 1758)　　　　雀科 Passeridae

英文名　Tree Sparrow、Eurasian Tree Sparrow

识别特征　小型鸟类（体长 13~15cm）。额、头顶至后颈栗褐色，颈背有白色领环；颏和喉黑色；耳部有一黑斑；背沙褐色，具黑色纵纹；上体大部近褐色；下体大部污白色。虹膜深褐色；嘴黑色；脚黄褐色。

生态习性　栖息于城市和乡村，适应与人共处的环境。主要以谷物等植物的种子和果实为食，也吃人类扔弃的各种食物及昆虫。

地理分布　见于温岭各乡镇（街道）。

保护及濒危等级　《中国生物多样性红色名录》：无危（LC）；《IUCN红色名录》：无危（LC）。

355. 白鹡鸰 *Motacilla alba* Linnaeus, 1758　　　　鹡鸰科 Motacillidae

英文名　White Wagtail

识别特征　小型鸟类（体长 17~20cm）。前额、颊白色；前颈、喉白色或黑色；头顶和后颈黑色；胸黑色；背、肩黑色或灰色；两翅黑色，具白色翅斑；下体大部白色。虹膜褐色；嘴及脚黑色。

生态习性　栖息于林中、河流、湖泊、水塘、农田、沼泽、居民点和公园等多种生境。主要以昆虫为食，也吃蜘蛛等其他无脊椎动物，偶尔吃种子、浆果等植物性食物等。

地理分布　见于温岭各乡镇（街道）。

保护及濒危等级　《中国生物多样性红色名录》：无危（LC）；《IUCN红色名录》：无危（LC）。

356.黄鹡鸰 *Motacilla tschutschensis* Gmelin, JF, 1789　　　鹡鸰科 Motacillidae

英文名　Yellow Wagtail、Eastern Yellow Wagtail

识别特征　小型鸟类（体长 16~18cm）。上体主要为橄榄绿色或草绿色，有的较灰。头顶和后颈多为灰色、暗灰色。额稍淡。有的腰部较黄。翅上覆羽具淡色羽缘。尾较长，主要为黑色，外侧 2 对尾羽主要为白色。下体鲜黄色。胸侧和两胁有的沾橄榄绿色。虹膜褐色；嘴和跗跖黑色。

生态习性　栖息于林缘、溪流、湖边、草滩、农田中。主要以昆虫为食。

地理分布　见于泽国、城西、滨海。

保护及濒危等级　《中国生物多样性红色名录》：无危（LC）；《IUCN红色名录》：无危（LC）。

357.灰鹡鸰 *Motacilla cinerea* Tunstall, 1771　　　鹡鸰科 Motacillidae

英文名　Gray Wagtail

识别特征　小型鸟类（体长 16~18cm）。头部和背部深灰色。眼先、耳羽灰黑色。眉纹白色。喉、颏部黑色（冬季为白色）。尾上覆羽黄色。中央尾羽褐色，最外侧 1 对黑褐色，具大块白斑。两翼黑褐色，有 1 道白色翼斑。虹膜褐色；嘴黑褐色；脚暗绿色。

生态习性　栖息于溪流、河谷、湖泊、水塘、沼泽、农田、住宅和城市公园中。主要以鞘翅目、鳞翅目、直翅目、半翅目、双翅目、膜翅目等昆虫为食，也吃蜘蛛等其他小型无脊椎动物。

地理分布　见于温峤、城南、箬横、大溪、坞根、泽国、新河、东部新区、城东、滨海、石桥头。

保护及濒危等级　《中国生物多样性红色名录》：无危（LC）；《IUCN红色名录》：无危（LC）。

358. 田鹨 *Anthus richardi* Vieillot, 1818　　　　鹡鸰科 Motacillidae

英文名　Paddyfield Pipit

识别特征　体大（体长 17~18cm）。眉纹皮黄白色。上体黄褐色或棕黄色。头顶和背具暗褐色纵纹。中覆羽黑斑尖、长。下体白色或皮黄白色，喉两侧、胸具暗褐色纵纹。后爪长。虹膜褐色；嘴粉红褐色；脚粉红色。

生态习性　栖息于草地、农田或荒野等生境。主要以蚂蚁、蝗虫、鳞翅目、蜻蜓目等昆虫为食。

地理分布　见于坞根、温峤、箬横、城南、新河。

保护及濒危等级　《中国生物多样性红色名录》：无危（LC）；《IUCN红色名录》：无危（LC）。

359. 树鹨 *Anthus hodgsoni* Richmond, 1907　　　　鹡鸰科 Motacillidae

英文名　Olive-backed Pipit

识别特征　小型鸟类（体长 15~17cm）。头顶具细密的黑褐色纵纹。眼先黄白色或棕色，眉纹自嘴基起棕黄色，具黑褐色贯眼纹。下背、腰至尾上覆羽几乎为纯橄榄绿色，纵纹极不明显。两翅黑褐色，具橄榄黄绿色羽缘。颏、喉白色或棕白色，喉侧有黑褐色颧纹。胸皮黄色，胸和两胁具粗著的黑色纵纹。其余下体白色。虹膜红褐色；上嘴黑色，下嘴肉黄色；脚肉色。

生态习性　栖息于阔叶林、混交林、针叶林、林缘、草地、路边等各类生境。食物主要有鳞翅目幼虫、蝗虫、甲虫、蚂蚁、蝽象等昆虫，也吃蜘蛛、蜗牛等小型无脊椎动物以及植物的果实、种子。

地理分布　见于城东、城南、温峤、大溪、箬横、滨海、松门、新河、泽国、坞根、横峰、石桥头、太平、城北。

保护及濒危等级　《中国生物多样性红色名录》：无危（LC）；《IUCN红色名录》：无危（LC）。

360.红喉鹨 *Anthus cervinus* (Pallas, 1811)　　　　　鹡鸰科 Motacillidae

英文名　Red-throated Pipit

识别特征　体型中等（体长 14~15cm）。眉纹、脸至胸栗红色。上体褐色较重。腰部多具纵纹并具黑色斑块。胸部粗黑色纵纹较少。喉部多粉红色、粉皮黄色，而非白色。背及翼无白色横斑。雌性似雄性，但红色部分较浅。虹膜褐色；嘴大部肉色，基部黄色；脚肉色。

生态习性　栖息于池塘、河流、水田和湿润草地。食物主要为鞘翅目、膜翅目、双翅目昆虫，也吃少量植物的果实和种子。

地理分布　见于箬横。

保护及濒危等级　《中国生物多样性红色名录》：无危（LC）；《IUCN红色名录》：无危（LC）。

361.黄腹鹨 *Anthus rubescens* (Tunstall, 1771)　　　　　鹡鸰科 Motacillidae

英文名　Buff-bellied Pipit

识别特征　小型鸟类（体长 14~17cm）。繁殖期眼先不为黑色；上体褐色；颈侧具暗淡的近黑色块斑；头顶具细密的黑褐色纵纹；头背粉灰色；胸至胁具少量黑褐色纵斑。非繁殖期颈侧三角形黑斑显著；背灰褐色，无明显纵纹；胸、胁至上腹具密集的黑色纵斑。虹膜褐色；上嘴角质色，下嘴偏粉色；脚暗黄色。

生态习性　栖息于阔叶林、混交林、针叶林、林缘、路边、河谷、草地等各类生境。食物主要有鞘翅目、鳞翅目、膜翅目等昆虫，兼食一些植物的果实和种子。

地理分布　见于城南、大溪、坞根、新河。

保护及濒危等级　《中国生物多样性红色名录》：无危（LC）；《IUCN红色名录》：无危（LC）。

362. 燕雀 *Fringilla montifringilla* Linnaeus, 1758　　　　　燕雀科 Fringillidae

英文名　Brambling

识别特征　小型鸟类（体长 13~16cm）。嘴粗壮而尖，呈圆锥状。上体斑纹分明。胸棕色。腰白色。腹部白色，两翼及叉形的尾黑色，有醒目的白色"肩"斑和棕色的翼斑，且初级飞羽基部具白色点斑。雄性头及颈背黑色，背近黑色。虹膜褐色；嘴大部黄色，嘴尖黑色；脚粉褐色。

生态习性　栖息于林中、农田、果园、公园等生境。杂食性，吃种子、果实、嫩叶等，也捕食昆虫。

地理分布　见于太平、滨海。

保护及濒危等级　《中国生物多样性红色名录》：无危（LC）；《IUCN红色名录》：无危（LC）。

363. 黄雀 *Spinus spinus* (Linnaeus, 1758)　　　　　燕雀科 Fringillidae

英文名　Eurasian Siskin

识别特征　小型鸟类（体长 11~12cm）。雄性额至头顶及须黑色；眼先灰色；眉纹鲜黄色；贯眼纹短，呈黑色；上体黄绿色；两翅和尾黑色，翼上具醒目的黄色条纹；胸、腰黄色；腹白色。雌性上体灰蓝色，具暗色纵纹；头顶和须无黑色；下体黄白色，具褐色纵纹。虹膜黑色；嘴暗褐色，下嘴较淡；脚暗褐色。

生态习性　栖息于针阔叶混交林、针叶林、村庄、公园和苗圃等各种生境。以植物的嫩叶、果实和种子为食，也捕食昆虫。

地理分布　见于太平、城东。

保护及濒危等级　《中国生物多样性红色名录》：无危（LC）；《IUCN红色名录》：无危（LC）。

364. 金翅雀 *Chloris sinica* (Linnaeus, 1766)　　　燕雀科 Fringillidae

英文名　Oriental Greenfinch、Grey-capped Greenfinch

识别特征　小型鸟类（体长 12~14cm）。雄性顶冠及颈背灰色；眼先和眼周深褐色；背纯褐色；飞羽黑褐色，但基部有大块的黄色翼斑，"金翅"指的就是这一部分羽毛的颜色；外侧尾羽基部及臀黄色。雌性头灰色，胸部具淡灰褐色纵纹。虹膜深褐色；嘴偏粉色；脚棕黄色。

生态习性　栖息于林中、林缘、公园、果园、苗圃、农田和村庄附近等各种生境。以植物性食物为主，偶尔取食昆虫。

地理分布　见于新河、城东、城南、坞根、大溪、温峤、箬横、石桥头、松门、太平、横峰、东部新区、城北。

保护及濒危等级　《中国生物多样性红色名录》：无危（LC）；《IUCN红色名录》：无危（LC）。

365. 锡嘴雀 *Coccothraustes coccothraustes* (Linnaeus, 1758)　　　燕雀科 Fringillidae

英文名　Hawfinch

识别特征　体大（体长 16~18cm）。嘴特大而尾较短。具粗显的白色宽肩斑。具狭窄的黑色眼罩。两翼辉亮蓝黑色，具黑白色图纹，羽端呈方形，内翈先端具缺口。尾暗褐色而略凹，尾端白色狭窄，外侧尾羽具黑色次端斑。虹膜褐色；嘴角质色至近黑色；脚粉褐色。

生态习性　栖息于林中、林缘。主要以植物的果实和种子为食，也捕食昆虫。

地理分布　见于大溪。

保护及濒危等级　《中国生物多样性红色名录》：无危（LC）；《IUCN红色名录》：无危（LC）。

366. 黑尾蜡嘴雀 *Eophona migratoria* Hartert, 1903　　　　燕雀科 Fringillidae

英文名　Yellow-billed Grosbeak、Chinese Grosbeak

识别特征　中型鸟类（体长 15~18cm）。雄性头辉黑色，头罩较大；背、肩灰褐色；尾上覆羽浅灰色；两翅和尾黑色，初级覆羽和外侧飞羽具白色端斑；颏和上喉黑色；其余下体灰褐色；腰和尾下覆羽白色；两胁橙色。雌性似雄性，但头部黑色少，飞羽端部黑色。虹膜褐色；嘴大部深黄色而端黑色；脚蓝黑色。

生态习性　栖息于阔叶林、针阔叶混交林、林缘、河谷、果园等生境。以种子、果实、嫩叶、嫩芽等植物性食物为食，也吃昆虫、小螺蛳等小型无脊椎动物。

地理分布　见于太平、松门。

保护及濒危等级　《中国生物多样性红色名录》：无危（LC）；《IUCN红色名录》：无危（LC）。

367. 三道眉草鹀 *Emberiza cioides* von Brandt, JF, 1843　　　　鹀科 Emberizidae

英文名　Meadow Bunting

识别特征　小型鸟类（体长 15~18cm）。具醒目的黑白色头部图纹。头顶、后颈和耳羽栗色。眉纹白色。眼先黑色；眼后具大块栗红色斑块。背、肩栗红色，具黑色纵纹。两翅和尾黑褐色。喉白色。胸棕色。两胁棕红色，下体余部皮黄白色。雌性羽色较淡，眉线及下颊纹皮黄色，胸淡棕褐色。虹膜深褐色；嘴双色，上嘴灰黑色，下嘴蓝灰色而嘴端色深；脚肉色。

生态习性　栖息于阔叶林、林缘灌丛、农田和道路附近的小树林。主要以鞘翅目和鳞翅目昆虫为食，也吃植物的果实和种子。

地理分布　见于城南。

保护及濒危等级　《中国生物多样性红色名录》：无危（LC）；《IUCN红色名录》：无危（LC）。

368.红颈苇鹀 *Emberiza yessoensis* (Swinhoe, 1874)　　　　鹀科 Emberizidae

英文名　Japanese Reed Bunting

识别特征　体型略小（体长 13~15cm）。枕和后颈沾栗色，背部沾红棕色。繁殖期头及喉黑色；上体栗色，具黑色纵纹；腹皮黄色；小覆羽具灰色三角形斑块；腰砖红色；下体白色。非繁殖期上、下喙异色，脸颊黑褐色。虹膜深栗色；嘴近黑色；脚偏粉色。

生态习性　栖息于湿地灌（草）丛、芦苇丛、沼泽等生境。食物以植物的种子、果实为主，也吃蝗虫、鳞翅目、蜻蜓目等昆虫。

地理分布　见于松门。

保护及濒危等级　《中国生物多样性红色名录》：近危（NT）；《IUCN红色名录》：近危（NT）。

369.白眉鹀 *Emberiza tristrami* Swinhoe, 1870　　　　鹀科 Emberizidae

英文名　Tristram's Bunting

识别特征　中等体型的鹀（体长约15cm）。头具显著条纹。雄性顶冠纹、眉纹和颊纹白色；侧冠纹、脸颊和喉黑色；耳后具白点；胸栗褐色。雌性体色暗；头部纹路比较少，顶冠纹、眉纹和颊纹皮黄色；喉棕褐色，具短的黑色纵纹；颏色浅。虹膜深栗褐色；上嘴蓝灰色，下嘴偏粉色；脚肉色。

生态习性　栖息于针阔叶混交林、针叶林、阔叶林、林缘、溪流沿岸森林。主要以草籽等植物性食物为食，也吃昆虫等动物性食物。

地理分布　见于大溪、泽国、城东、箬横、温峤、太平、坞根、城南、松门、城北、新河、石桥头、石塘。

保护及濒危等级　《中国生物多样性红色名录》：无危（LC）；《IUCN红色名录》：无危（LC）。

370. 栗耳鹀 *Emberiza fucata* Pallas, 1776　　　　鹀科 Emberizidae

英文名　Chestnut-eared Bunting

识别特征　体型略大（体长约 16cm）。雄性顶冠及颈侧灰色；脸颊、耳羽栗红色；喉及其余部位白色；颈部具黑色图纹；胸部上方具黑色斑点；胸带较细，呈栗红色。雌雄相似，但雌性色彩较淡，头顶棕褐色，不具栗红色胸带。虹膜深褐色；上嘴褐色，下嘴基部肉色；脚肉色。

生态习性　栖息于林缘灌丛、沼泽、农田、草地和村庄附近。主要以蚜虫、蛾、金龟甲等昆虫为食，也吃稻谷、高粱等农作物等植物的果实和种子。

地理分布　见于松门。

保护及濒危等级　《中国生物多样性红色名录》：无危（LC）；《IUCN红色名录》：无危（LC）。

371. 小鹀 *Emberiza pusilla* Pallas, 1776　　　　鹀科 Emberizidae

英文名　Little Bunting

识别特征　体小（体长约 13cm）。头具条纹。繁殖期雄性头具黑色和栗色条纹；眼圈色浅。耳羽及顶冠纹暗栗色，多数颊纹及耳羽边缘灰黑色，脸棕红色，眉纹及第 2 道下颊纹暗皮黄褐色。上体褐色而带深色纵纹，两翅和尾黑褐色。下体白色，胸及两胁有黑色纵纹。雌性似雄性，但羽色较淡。虹膜褐色；上嘴黑色，下嘴灰褐色；脚肉褐色。

生态习性　栖息于灌丛、草地及农田等生境。杂食性，主要以草籽、谷子、浆果等植物性食物为主，还吃鞘翅目、膜翅目、半翅目、鳞翅目等昆虫。

地理分布　见于坞根、温峤、东部新区、松门、石塘、城南、箬横、滨海。

保护及濒危等级　《中国生物多样性红色名录》：无危（LC）；《IUCN红色名录》：无危（LC）。

372. 黄眉鹀 *Emberiza chrysophrys* Pallas, 1776　　鹀科 Emberizidae

英文名　Yellow-browed Bunting

识别特征　体型中等（体长 14~16cm）。雄性头具条纹；宽大的侧冠纹和脸颊黑色；眉纹前半段黄色，后半段白色；耳羽处具白点；颊纹白色；下体更白而多纵纹；翼斑白色；腰更显斑驳且尾色较重。雌性头顶和脸颊棕褐色。虹膜深褐色；嘴粉色，嘴峰及下嘴端灰色；脚粉红色。

生态习性　栖息于混交林、阔叶林、草地、农田等各种生境。食物以植物的果实和各种谷物为主，也捕食昆虫。

地理分布　见于松门、石塘、城南。

保护及濒危等级　《中国生物多样性红色名录》：无危（LC）；《IUCN红色名录》：无危（LC）。

373. 田鹀 *Emberiza rustica* Pallas, 1776　　鹀科 Emberizidae

英文名　Rustic Bunting

识别特征　体型略小（体长 13~15cm）。雄性额、头顶、枕、后颈黑色，具黑色短羽冠。眉纹、颊纹白色，黑白相衬极为醒目；上体栗红色，背羽具黑褐色纵纹；两翅和尾黑褐色；下体白色；腰具栗红色鳞状羽；两胁

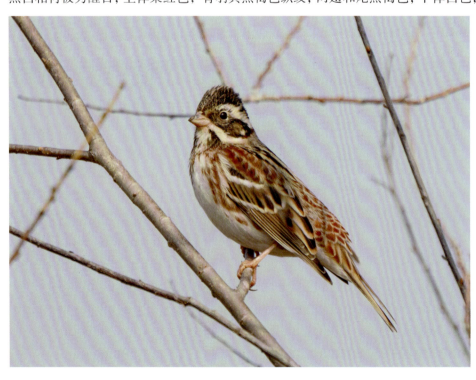

栗色。雌性与雄性相似，但羽冠和耳羽浅褐色，眉纹皮黄色。虹膜褐色；嘴大部褐色，端黑色；脚肉黄色。

生态习性　栖息于林中、林缘、芦苇丛及沼泽湿地等生境。食物以植物的种子、果实为主，也吃一些昆虫和蜘蛛等。

地理分布　见于松门。

保护及濒危等级　《中国生物多样性红色名录》：无危（LC）；《IUCN红色名录》：易危（VU）。

374.黄喉鹀 *Emberiza elegans* Temminck, 1836 — 鹀科 Emberizidae

英文名 Yellow-throated Bunting

识别特征 中等体型（体长约15cm）。雄性羽冠黑色，明显上翘，也可收起而不显；眉纹自额至枕侧长而宽阔，前段黄白色，后段鲜黄色；背绣红色，具黑色羽干纹；翅和尾黑褐色，有2道白色翅斑；喉黄色；胸有半月形黑斑；其余下体白色；两胁具栗色纵纹。雌性羽色较淡，头部褐色，胸部无黑斑。虹膜褐色；嘴黑褐色；脚肉色。

生态习性 栖息于阔叶林、针阔叶混交林、溪流沿岸疏林、灌丛、农田、道旁树林等多种生境。捕食夜蛾科、尺蠖科、螟蛾科、膜叶蜂、石蛾科、食蚜蝇等昆虫为主，也吃禾本科植物以及豆科植物的种子、果实等。

地理分布 见于大溪、坞根、城南、箬横、太平。

保护及濒危等级 《中国生物多样性红色名录》：无危（LC）;《IUCN红色名录》：无危（LC）。

375.栗鹀 *Emberiza rutila* Pallas, 1776 — 鹀科 Emberizidae

英文名 Chestnut Bunting

识别特征 体型略小（体长约15cm）。雄性头部、上体和胸部栗红色；下体黄色；两翅和尾黑褐色，翅上覆羽和三级飞羽具灰白色羽缘。雌性顶冠、上背、胸及两胁具深色纵纹；有淡色眉纹；下体黄白色，具暗色纵纹。虹膜褐色；上嘴棕褐色、下嘴淡褐色；脚淡肉褐色。

生态习性 栖息于林中、林缘、农田地边灌丛、草地等生境。以植物性食物为主，如杂草种子，稻、高粱等谷物，杨树、榆树、桦木等鳞芽等，也捕食昆虫。

地理分布 见于石塘。

保护及濒危等级 《中国生物多样性红色名录》：无危（LC）;《IUCN红色名录》：无危（LC）。

376.硫黄鹀 *Emberiza sulphurata* **Temminck & Schlegel, 1848** 鹀科Emberizidae

英文名 Yellow Bunting

识别特征 体型略小（体长 13~14cm）。雄性眼先及颏黑色；头大部黄绿色；眼圈白色；背灰绿色，具黑褐色纵纹；飞羽具浅褐色羽缘；喉至腹鹅黄色；胁沾灰色，且有少量黑褐色纵斑；尾下覆羽黄白色。雌性眼先及颏无黑色，羽色较雄性偏灰色。虹膜深褐色；嘴灰色；脚粉褐色。

生态习性 栖息于海岛、海岸、芦苇丛及沼泽灌丛等生境。主要以蝗虫、蚂蚁、鳞翅目等昆虫为食，也吃植物的果实、种子及其他小型无脊椎动物。

地理分布 见于石塘。

保护及濒危等级 《中国生物多样性红色名录》：易危（VU）；《IUCN红色名录》：易危（VU）。

377.灰头鹀 *Emberiza spodocephala* **Pallas, 1776** 鹀科Emberizidae

英文名 Black-faced Bunting

识别特征 体型略小（体长 13~16cm）。雄性头、颈背及喉灰色；眼先及颏黑色；背浅棕色，具杂乱的黑褐色纵纹；胁部具黑褐色纵斑；下体浅黄色或近白色；肩部具一白斑；尾色深而带白色边缘。雌性眉纹和颊纹皮黄色；颈部为暗淡的灰色；全身大部为褐色，密布深色纵纹。虹膜深栗褐色；上嘴近黑色并具浅色边缘，下嘴偏粉色且嘴端深色；脚粉褐色。

生态习性 栖息于芦苇丛、河谷与溪流两岸、沼泽、耕地、公园、苗圃等多种生境。以植物果实和各种谷物为主食，也捕食昆虫及其他小型无脊椎动物。

地理分布 见于新河、城南、坞根、大溪、泽国、滨海、箬横、东部新区、松门、石塘、城西、温峤、石桥头、太平。

保护及濒危等级 《中国生物多样性红色名录》：无危（LC）；《IUCN红色名录》：无危（LC）。

378. 苇鹀 *Emberiza pallasi* (Cabanis, 1851)　　　　　　　鹀科 Emberizidae

英文名 Pallas's Reed Bunting

识别特征 体型略小（体长 14~16cm）。雄性头、喉直到上胸中央为黑色；其余下体乳白色；白色的下髭纹与黑色的头及喉成对比；白色颈环较宽；肩羽灰色；上体具灰色及黑色的横斑；小覆羽蓝灰色，而非棕色和白色，翼斑多且明显。雌性体羽均为浅沙皮黄色，且头顶、上背、胸及两胁具深色纵纹。虹膜深栗色；嘴灰黑色；脚粉褐色。

生态习性 栖息于灌丛、芦苇丛、草地等生境。主要以植物的果实和种子为食，也捕食昆虫。

地理分布 见于松门。

保护及濒危等级 《中国生物多样性红色名录》：无危（LC）；《IUCN红色名录》：无危（LC）。

379. 芦鹀 *Emberiza schoeniclus* (Linnaeus, 1758)　　　　　　鹀科 Emberizidae

英文名 Common Reed Bunting

识别特征 体型略小（体长 15~17cm）。雄性头、喉和上胸中央黑色，具显著的白色下髭纹；后颈有宽的白色环；背、肩红褐色或皮黄色，具宽的黑色纵纹；腰灰褐色；翅和尾黑褐色，翅上小覆羽栗色；下体白色。雌性头部的黑色多褪去，头顶及耳羽具杂斑，眉线皮黄色；小覆羽棕色而非灰色；上嘴圆凸形。虹膜栗褐色；嘴黑色；脚深褐色至粉褐色。

生态习性 栖息于灌丛、芦苇丛、草地等生境。主要以植物的果实和种子为食，也捕食昆虫。

地理分布 见于松门。

保护及濒危等级 《中国生物多样性红色名录》：无危（LC）；《IUCN红色名录》：无危（LC）。

二五、劳亚食虫目EULIPOTYPHLA

380.东北刺猬 *Erinaceus amurensis* Schrenk, 1859　　　　刺猬科 Erinaceidae

识别特征　体长 200~270mm。体较大而粗壮。体被两种类型的棘刺：一种纯白色；另一种基部和端部白色或浅棕色，中部棕色。耳短，长不超过周围的棘刺；自头顶至吻部包括颊部、额部、耳周、面部均被污白色长毛。尾短，污白色。前足污白色，后足淡棕色。四肢粗短，各具五趾，爪发达。乳头 5 对：胸部 3 对，腹部 2 对。

生态习性　常栖息于森林、农田、果园、灌木、草丛等生境，在灌木丛、树根、石隙等处穴居。冬眠期较长，10 月至翌年 3 月，主要捕食昆虫及其他小型动物，也吃瓜、果、草根等植物性食物。

地理分布　见于温岭各乡镇（街道）。

保护及濒危等级　《中国生物多样性红色名录》：无危（LC）；《IUCN红色名录》：无危（LC）。

381.臭鼩 *Suncus murinus* (Linnaeus, 1766)　　　　鼩鼱科 Soricidae

识别特征　大型鼩鼱（体长 100~140mm），尾长约占体长 60%。吻尖长，髭毛较长。耳壳宽圆，近乎裸露。尾粗短，末端尖细，密被短毛并有长毛间杂。体毛具有银灰色光泽，背毛褐灰色，腹毛较淡，毛尖带褐色。体侧中央有一明显的臭腺，分泌物黄色黏液状，有奇臭。

生态习性　栖息于平原田野、江河边、海涂围垦区、沼泽地等区域的草丛、灌丛等生境中，偶见于城镇、村庄周边。夜间活动，受惊时臭腺能分泌奇臭的分泌物以自卫。主要捕食昆虫、蚯蚓、小鼠等动物性食物，也吃植物的果实和种子。

地理分布　见于城东、大溪、箬横、新河。

保护及濒危等级　《中国生物多样性红色名录》：无危（LC）；《IUCN红色名录》：无危（LC）。

382.山东小麝鼩 *Crocidura shantungensis* Miller, 1901 　　鼩鼱科 Soricidae

识别特征　小型鼩鼱，体长一般在 70mm 以下，尾长约 40mm，一般为体长的 65% 左右，体重小于 10g。吻尖，眼小，髭毛较短。体背面灰棕色，具光泽，毛基暗灰色，毛尖灰棕色；腹面灰白色染棕色，毛基灰色，毛尖白色染棕色。尾背面，与体背面毛同色，腹面稍淡，尾部稀疏长毛白色。四足背面毛白色和褐色混杂。

生态习性　栖息于山区林地、森林草甸、草地及耕作区等多种生境。巢穴筑于草丛、土坑或鼠洞中。捕食昆虫，也吃植物果实和种子。

地理分布　见于城东。

保护及濒危等级　《中国生物多样性红色名录》：无危（LC）；《IUCN红色名录》：无危（LC）。

二六、翼手目 CHIROPTERA

383.东亚伏翼 *Pipistrellus abramus* (Temminck, 1838)　　蝙蝠科 Vespertilionidae

识别特征　体型较小，体长 38~60mm，尾长 29~45mm，前臂长 30~36mm，后足长 5~10mm。耳短小，基部宽，向前折时仅达眼与鼻孔之间。耳屏短小，向前强烈弯曲而呈半圆形。翼膜后缘止于趾基。尾末端不凸出于尾膜。体背面毛呈棕褐色或灰褐色；腹面毛色浅淡，毛基深棕色，毛尖灰白色。

生态习性　家宅型蝙蝠，常见于人类活动区附近，为居民区最常见的一种蝙蝠，在住房和其他建筑物的顶楼或墙缝内栖息。群居，常结成十余只至数十只的群体，黄昏时从栖所逐一飞出觅食。捕食昆虫，尤其嗜食蚊类。

地理分布　见于温岭各乡镇（街道）。

保护及濒危等级　《中国生物多样性红色名录》：无危（LC）；《IUCN红色名录》：无危（LC）。

384.亚洲长翼蝠 *Miniopterus fuliginosus* Hodgson, 1835 　　蝙蝠科 Vespertilionidae

识别特征 体型中等，体长 46~67mm，尾长 47~63mm，前臂长 46~51mm，后足长 9~12mm。耳短而宽，略呈三角形，顶部平齐，长 8~12mm。耳屏较短，长度仅为耳长之半，舌状，先端圆钝，弯向前方。体毛短而呈丝绒状。翼膜后缘止于踝部。尾末端不凸出于尾膜。背毛为黑褐色，毛基色深于毛尖；腹毛灰黑色，毛尖浅褐色。

生态习性 洞穴型蝙蝠，栖息于温暖潮湿的岩洞、矿坑和树洞中。冬季在山洞中冬眠，部分种群具有迁徙性。群居，每群由几十只至上千只组成。黄昏外出觅食。捕食各种昆虫。

地理分布 见于大溪。

保护及濒危等级 《中国生物多样性红色名录》：近危（NT）；《IUCN红色名录》：无危（LC）。

二七、鳞甲目 PHOLIDOTA

385.中华穿山甲 *Manis pentadactyla* Linnaeus, 1758 　　鲮鲤科 Manidae

识别特征 体型较小，体长 37~50cm。头小且呈圆锥状，吻尖长。舌长，无齿。眼小而圆。外耳较大，呈瓣状。全身（主要部位为额、枕颈、体背侧、尾部背面与腹面、四肢外侧）披覆瓦状排列的角质鳞甲，鳞片间杂有硬毛。尾背面略隆起而腹面平。四肢短，前足爪发达。乳头 1 对。

生态习性 地栖性，穴居生活。栖息在丘陵、山地的灌丛、草丛中较为潮湿的地方，洞口很隐蔽，昼伏夜出。能游泳，会爬树，善挖洞。食物主要以白蚁为主，包括黑翅土白蚁、黑胸散白蚁、黄翅大白蚁、家白蚁等。

地理分布 见于大溪。

保护及濒危等级 国家一级重点保护野生动物；《中国生物多样性红色名录》：极危（CR）；《IUCN红色名录》：极危（CR）。

二八、食肉目CARNIVORA

386. 狼 *Canis lupus* Linnaeus,1758 　　　　　　　　　　　犬科 Canidae

识别特征　外形与狗和豺相似，通常体长超过90cm。中等体型，匀称，四肢修长，趾行性，利于快速奔跑。头腭尖形，颜面部长，鼻端凸出，耳尖且直立，嗅觉灵敏，听觉发达，裂齿发达。毛粗而长。爪粗而钝，不能或略能伸缩。尾多毛，尾尖黑色，尾挺直状下垂，夹于两后腿之间。

生态习性　栖息范围广，适应性强，山地、草原至冰原均有。多喜群居。夜间活动多，嗅觉敏锐，听觉很好。机警，多疑，善奔跑，耐力强，常追捕猎物。食肉动物，主要以鹿、兔为食，也捕食昆虫、老鼠等。

地理分布　历史资料记载，温岭境内已灭绝。

保护及濒危等级　国家二级重点保护野生动物；《中国生物多样性红色名录》：近危（NT）；《IUCN红色名录》：无危（LC）。

387. 赤狐 *Vulpes vulpes* (Linnaeus, 1758) 　　　　　　　　犬科 Canidae

识别特征　体长约70cm，体纤长。吻尖而长；鼻骨细长；额骨前部平缓，中间有一狭沟；耳较大，高而尖，直立。四肢较短。尾较长，略超过体长之半；尾粗大，覆毛长而蓬松。躯体覆有长的针毛，冬毛具丰富的底绒。耳背上半部黑色，与头部毛色明显不同。尾梢白色。足掌长有浓密短毛。具尾腺，能释放奇特臭味。毛色因季节和地区不同而有较大差异，一般背面棕灰色或棕红色，腹面白色或黄白色。

生态习性　栖息环境多样，常栖息在大石缝或山沟里。住处常不固定，除了繁殖期和育仔期外，一般是独自栖息。听觉、嗅觉发达，性狡猾，行动敏捷。主要捕食鼠、野兔等，也吃蛙、鱼、鸟、昆虫、浆果等。

地理分布　历史资料记载，温岭境内已灭绝。

保护及濒危等级　国家二级重点保护野生动物；《中国生物多样性红色名录》：近危（NT）；《IUCN红色名录》：无危（LC）。

388. 貉 *Nyctereutes procyonoides* Gray, 1834 　　　　　　犬科 Canidae

识别特征　外形似狐，但小而粗胖。吻部短，耳短而圆。体呈圆筒状，四肢短，尾短而蓬松。体背为棕灰色，略带棕黄色，背中央杂以黑色，从头到尾形成1条黑色纵纹。头部与体背色相同。眼四周毛黑色。颊部毛长而蓬松。体侧和腹部棕黄色或棕灰色。四肢浅灰色或咖啡色。尾毛长，腹面浅灰色。

生态习性　生活在平原、丘陵及部分山地，栖息于河谷、草原、溪流与湖泊附近的丛林中。穴居，洞穴多数是露天的，常利用其他动物的废弃旧洞，或营巢于石隙、树洞里。食性较杂，捕食啮齿类、小鸟、鱼、蛙、蛇、虾、蟹、昆虫等，也吃浆果、根、茎、种子、真菌等。

地理分布　见于城南。

保护及濒危等级　国家二级重点保护野生动物；《中国生物多样性红色名录》：近危（NT）；《IUCN红色名录》：无危（LC）。

389. 黄腹鼬 *Mustela kathiah* Hodgson, 1835　　　　　鼬科 Mustelidae

识别特征　较黄鼬小，一般体长 20~30cm。体细长，四肢短。体毛和尾毛均较短。尾细长，超过体长之半。体背面和腹面毛色截然不同，背面自头、颈背至尾以及四肢外侧均为栗褐色；上唇后段、下唇和颏均黄白色；颈下、胸、腹部为鲜艳的金黄色，背腹毛色界线分明；四肢内侧亦为金黄色。

生态习性　栖息于山地林缘、河谷、灌丛、草地，亦在农田、村落附近活动。清晨和夜间活动。食物以鼠类和昆虫为主。危急时能放出臭气。

地理分布　见于温峤、大溪、城北。

保护及濒危等级　浙江省重点保护野生动物；《中国生物多样性红色名录》：近危（NT）；《IUCN红色名录》：无危（LC）。

390. 黄鼬 *Mustela sibirica* Pallas, 1773　　　　　鼬科 Mustelidae

识别特征　体型中等，体长一般 26~35cm，尾长 13~23cm。身体细长，头细，颈较长。耳壳短而宽，稍凸出于毛丛。尾毛较蓬松。四肢较短，均具 5 趾。肛门腺发达。毛色从浅沙棕色到黄棕色。毛绒相对较稀短，背毛略深，腹毛稍浅，四肢、尾与身体同色。鼻基部、前额及眼周浅褐色。鼻垫基部及上、下唇为白色。喉部及颈下常有白斑，但变异极大。

生态习性　栖息于山地和平原，见于林缘、河谷、灌丛和草丘中，也常在村庄附近出没。居于石洞、树洞或倒木下。性情凶猛，常捕杀超过其食量的猎物。食性很杂，在野外以老鼠和野兔为主食。

地理分布　见于大溪、泽国、箬横、城东、温峤、太平、石桥头、城南、坞根、石塘、城北、新河、松门。

保护及濒危等级　浙江省重点保护野生动物；《中国生物多样性红色名录》：无危（LC）；《IUCN红色名录》：无危（LC）。

391. 鼬獾 *Melogale moschata* (Gray, 1831)　　　　鼬科 Mustelidae

识别特征　体型介于貂属和獾属之间，体长约35cm。吻鼻部发达，颈部粗短，耳壳短圆而直立，眼小且显著。毛色变异较大，体背及四肢外侧浅灰褐色，头部和颈部较体背深。头顶后至脊背有1条连续不断的白色或乳白色纵纹。前额、眼后、耳前、颊和颈侧有不定形的白色或污白色斑。尾部针毛毛尖灰白色或乳黄色，向后逐渐增长，色调减淡。

生态习性　栖息于河谷、沟谷、丘陵及山地的森林、灌丛、草丛中，喜欢在常绿阔叶林、落叶林中活动，亦在农田的土丘、草地和烂木堆中栖息。通常穴居于石洞和石缝，亦善打洞。杂食性，以蚯蚓、虾、蟹、昆虫、泥鳅、小鱼、蛙和鼠等为主，亦食植物的果实和根、茎。

地理分布　见于大溪、泽国、箬横、温峤、城东、城西、太平、城南、石桥头、坞根、石塘、城北、新河、松门。

保护及濒危等级　《中国生物多样性红色名录》：近危（NT）；《IUCN红色名录》：无危（LC）。

392. 亚洲狗獾 *Meles leucurus* (Hodgson, 1847)　　　　鼬科 Mustelidae

识别特征　鼬科中体型较大的种类，体肥壮，体长50~70cm。吻鼻长，鼻端粗钝，具软骨质的鼻垫。耳壳短圆。眼小。颈部粗短。四肢短健，前、后足的趾均具粗而长的黑棕色爪，前足的爪比后足的爪长。尾短。体背褐色与白色、乳黄色混杂，绒毛白色或灰白色。头部具3条白色纵纹，在3条纵纹中有2条黑褐色纵纹相间，从吻部两侧向后延伸，穿过眼部到头后，与颈背部深色区相连。耳背及后缘黑褐色，耳上缘白色或乳黄色，耳内缘乳黄色。尾背与体背同色，但白色或乳黄色毛尖略有增加。

生态习性　栖息于森林中或山坡灌丛、田野、坟地、沙丘草丛、湖泊及河溪旁边等各种环境中。

地理分布　见于城南、城北、大溪、石塘。

保护及濒危等级　《中国生物多样性红色名录》：近危（NT）；《IUCN红色名录》：无危（LC）。

393. 猪獾 *Arctonyx collaris* F. G. Cuvier, 1825　　　　　鼬科Mustelidae

识别特征　体粗壮，四肢粗短。吻鼻部裸露、凸出，似猪拱嘴，故名猪獾。头大，颈粗，耳小眼也小。尾短，一般长不超过200mm。前、后肢各5指、趾，爪发达。整个身体呈现黑白两色混杂。头部正中从吻鼻部裸露区向后至颈后部有1条白色条纹，前部毛白色而明显，向后至颈部渐有黑褐色毛混入。吻鼻部两侧面至耳壳、穿过眼为一黑褐色宽带，向后渐宽，但在眼下方有一明显的白色区域，其后部黑褐色带渐浅。耳下部为白色

长毛，并向两侧伸开。下颌及颏部白色。下颌口缘后方略有黑褐色与脸颊的黑褐色相接。四肢色同腹色。尾毛长，白色。

生态习性　猪獾喜欢穴居，在荒丘、路旁、田埂等处挖掘洞穴，也侵占其他兽类的洞穴。10月下旬至2月冬眠，杂食性。主要捕食蚯蚓、蛙、蜥蜴、泥鳅、黄鳝、甲壳类、昆虫、蜈蚣、小鸟、鼠类等动物，也吃玉米、土豆、花生等农作物。

地理分布　见于大溪。

保护及濒危等级　《中国生物多样性红色名录》：近危（NT）；《IUCN红色名录》：近危（NT）。

394. 欧亚水獭 *Lutra lutra* (Linnaeus, 1758)　　　　　鼬科Mustelidae

识别特征　体长55~70cm。吻短，眼睛稍凸而圆，耳朵小，四肢短，指、趾间具蹼。中央有数根短的硬须，前肢腕垫后面有数根短的刚毛。鼻孔和耳道有小圆斑，潜水时能关闭，防水入侵。体毛较长而致密；通体背面均为咖啡色，有油亮光泽；腹面毛色较淡，呈灰褐色。绒毛基部灰白色，绒面咖啡色。尾基部粗，末端渐细。

生态习性　白天隐匿在洞中休息，夜间出来活动。多穴居，但一般没有固定洞穴，巢穴选在堤岸的岩缝中或树根下。食物主要是鱼类，也捕捉鸟、小兽、蛙、甲壳类动物，有时也吃部分植物。

地理分布　见于松门。

保护及濒危等级　国家二级重点保护野生动物；《中国生物多样性红色名录》：濒危（EN）；《IUCN红色名录》：近危（NT）。

395. 髯海豹 *Erignathus barbatus* (Erxleben, 1777)　　　海豹科 Phocidae

识别特征　体型大，成体体长 200~250cm。由于它们的头小，前鳍相对较短，故身体显得更长。头圆而略窄。两眼相对较小并靠近。吻宽而肉质，两鼻孔远相隔。触须很多，长而密，呈淡色，潮湿时是直的，干时顶端向内卷曲。"髯海豹"之名即来自此特别显著的大胡子。各趾等长或第 3 趾稍长，爪很结实。有 4 个可收缩的乳头。成体灰褐色，上部的颜色较体下面的略深。面部和前鳍肢常为铁锈色。嘴吻及两眼周围为灰色。有时在两眼之间有 1 条起自头顶的浅黑色条纹。

生态习性　一般独居。在洄游时大多分散活动，一般不集成大群。主要摄食底栖生物，触须可帮助它们在柔软的底质中找到食物，也食蟹、虾、软体类、头足类等无脊椎动物。

地理分布　历史资料记载，本次调查未见。

保护及濒危等级　国家二级重点保护野生动物；《中国生物多样性红色名录》：数据缺乏（DD）；《IUCN 红色名录》：无危（LC）。

396. 斑海豹 *Phoca largha* Pallas, 1811　　　海豹科 Phocidae

识别特征　身体肥壮而浑圆，呈纺锤形，体长 120~200cm。全身生有细密的短毛，背部灰黑色并布有不规则的棕灰色或棕黑色的斑点，腹面乳白色，斑点稀少。头圆而平滑，眼大，吻短而宽。唇部触须长而硬，呈念珠状，感觉灵敏，是它觅食的武器之一。没有外耳廓。也没有明显的颈部。四肢短，前、后肢各 5 指、趾，趾间有皮膜相连，似蹼状，形成鳍足，指、趾端部具有尖锐的爪。前肢狭小，后肢较大而呈扇形，前肢朝前，后肢朝后，不能弯曲。尾短小，仅有 7~10cm，夹于后肢之间，连成扇形。

生态习性　食性较广，取决于季节、海域及所栖息的环境。主要捕食鱼类。

地理分布　历史资料记载，本次调查未见。

保护及濒危等级　国家一级重点保护野生动物；《中国生物多样性红色名录》：易危（VU）；《IUCN 红色名录》：无危（LC）。

397.小灵猫 *Viverricula indica* (Geoffroy Saint-Hilaire, 1803) 灵猫科 Viverridae

识别特征 外形与大灵猫相似,但较之小,体长 48~58cm,尾长 33~41cm,体重 2~4kg,比家猫略大。吻部尖而凸出,额部狭窄,耳短而圆。尾部较长,尾长一般超过体长的一半。四肢健壮。基本毛色以棕灰色、乳黄色多见。眼眶前缘和耳后呈暗褐色。从耳后至肩有 2 条黑褐色颈纹。从肩到臀通常有 3~5 条颜色较暗的背纹,背部中间的 2 条纹路较清晰,两侧的背纹不清晰。四足深棕褐色。尾巴的被毛通常呈白色与暗褐色相间的环状,尾尖多为灰白色。

生态习性 栖息在低山森林、阔叶林的灌木层、树洞、石洞、墓室中。独居夜行性动物,性格机敏而胆小,行动灵活。食性较杂,主要捕食啮齿目、小鸟、蛇、蛙、小鱼、虾、蟹、蜈蚣、蚱蜢、蝗虫等,也吃野果、树根、种子等。

地理分布 历史资料记载,本次调查未见。

保护及濒危等级 国家一级重点保护野生动物;《中国生物多样性红色名录》:近危(NT);《IUCN红色名录》:近危(NT)。

398.果子狸 *Paguma larvata* (C. E. H. Smith, 1827) 灵猫科 Viverridae

识别特征 外形似家猫。从鼻后经头顶到颈背有 1 条纵向白纹,眼后及眼下各具小块白斑,两耳基部到颈侧各有 1 条白纹。四肢短,尾长而不卷曲。体毛从背部到颈背近似黑色的暗棕色,腹部浅灰白色,四肢下部和尾端黑色,背两侧和四肢上部暗棕色。全身既无斑点又无纵纹,尾也无色环。

生态习性 栖息于常绿或落叶阔叶林、稀树灌丛或间杂石块的稀树裸岩地。夜行性。以地面生活为主,善攀爬,能靠其灵巧的四肢和长尾在树枝间攀跳自如。食性杂,但以野果为主,故名"果子狸",也吃谷物、野菜及小型动物。

地理分布 见于大溪、温峤、城西、城南、新河、城北、箬横、城东、太平。

保护及濒危等级 浙江省重点保护野生动物;《中国生物多样性红色名录》:近危(NT);《IUCN红色名录》:无危(LC)。

399. 食蟹獴 *Herpestes urva* (Hodgson, 1836)　　　　獴科 Herpestidae

识别特征　体长 40~84cm。吻部细尖。尾基部粗大，往后逐渐变细。体毛粗长，尤以尾毛最甚。吻部和眼周淡栗棕色或红棕色，有 1 道白纹自口角向后延至肩部。下颏白色。背毛基部淡褐色，毛尖灰白色，并杂以黑色。腹部暗灰褐色。四肢及足部黑褐色。尾背面颜色与体背略同，唯在后半段多带棕黄色。近肛门处有 1 对臭腺。

生态习性　栖息于海拔 700m 以下的树林草丛、土丘、石缝、土穴中。喜群居。洞栖型。食性较杂，主要捕食各种小型动物。

地理分布　见于大溪。

保护及濒危等级　浙江省重点保护野生动物；《中国生物多样性红色名录》：易危（VU）；《IUCN红色名录》：无危（LC）。

400. 豹猫 *Prionailurus bengalensis* (Kerr, 1792)　　　　猫科 Felidae

识别特征　大小差异较大，外形与家猫相似。头圆。通体浅棕色，头部两侧有 2 条黑纹，眼睛内侧有 2 条纵长白斑，耳背中部具有白色斑点。头部至肩部有 4 条黑色纵纹，中间 2 条断续向后延伸至尾基。颈部有数行不规则黑斑。颏下、胸、腹和四肢内侧均呈白色，并具黑色斑点。尾和体色相同，并有黑色半环，尾长超过体长的一半。

生态习性　多见于丘陵和有树丛的地区，独居或雌雄同栖。夜行性，但在僻静之处，白天亦外出活动。以鸟为主食，亦食鼠、蛙、蛇以及野果等，偶入农舍盗食家禽。

地理分布　见于温峤、大溪。

保护及濒危等级　国家二级重点保护野生动物；《中国生物多样性红色名录》：易危（VU）；《IUCN红色名录》：无危（LC）。

二九、偶蹄目 ARTIODACTYLA

401. 野猪 *Sus scrofa* Linnaeus, 1758 　　　　　　　　　　猪科 Suidae

识别特征 中型哺乳动物。它们有厚厚的双层毛皮，通体黑色或棕黑色，顶层由较硬的刚毛组成，底层下面有 1 层柔软的细毛。背上披有刚硬而稀疏的针毛，毛粗而稀，冬天的毛会长得较密。躯体健壮，头部和体前端较大，体后部较小。头较长；耳小并直立；吻部凸出，似圆锥体，其顶端为裸露的软骨垫（也就是拱鼻）。四肢粗短，每只脚有 4 趾，且硬蹄，仅中间 2 趾着地。尾巴细短。

生态习性 栖息于山区林地，常见于阔叶林、混交林、灌丛和草地。群居性，过着游荡生活。杂食性，以植物嫩叶、果实、叶和根为主，也会吃野兔和蛇。

地理分布 见于箬横、温峤、城东、太平、坞根、石桥头、城南、城北、大溪、新河。

保护及濒危等级 《中国生物多样性红色名录》：无危（LC）；《IUCN红色名录》：无危（LC）。

402. 毛冠鹿 *Elaphodus cephalophus* Milne-Edwards, 1872 　　　鹿科 Cervidae

识别特征 体长在 100cm 以下。额部、头顶有 1 簇马蹄状的黑色长毛，该毛长约 50mm，故称"毛冠鹿"。雄性具有不开叉的角，几乎隐于额部的长毛中。尾较短。通体毛色暗褐色，近乎黑色，颊部、眼下、嘴边色较浅，混杂苍灰色毛，耳尖及耳内缘近白色。体背直至臀部呈黑褐色。腹部及尾下为白色。

生态习性 栖居在丘陵地带中繁茂的竹林、竹阔混交林及茅草坡等处。草食性，喜食蔷薇科、百合科、杜鹃花科的植物的枝、叶。听觉和嗅觉，尤其是眶下腺较发达，可算是鹿类中最发达者。性情温和。一般成对活动。

地理分布 见于大溪。

保护及濒危等级 国家二级重点保护野生动物；《中国生物多样性红色名录》：近危（NT）；《IUCN红色名录》：近危（NT）。

403. 小麂 *Muntiacus reevesi* Temminck, 1838 鹿科 Cervidae

识别特征 麂类中体型最小的 1 种，体长 70~87cm，尾巴较长。面部较短而宽，额腺短而平行。在颈背中央有 1 条黑线。雄性具角，但角叉短小，角尖向内向下弯曲。眶下腺大，呈弯月形的裂缝状。个体毛色变异较大，由栗色至暗栗色都有，身体两侧较暗，脚黑棕色，面颊暗棕色，喉部发白而略呈淡栗黄色，颈背黑线或不明显。

生态习性 栖息在丘陵、山地的低谷或森林边缘的灌丛、杂草丛中。其活动范围小，很少远离其栖息地。取食多种灌木、树木和草本植物的枝、叶、幼芽，也吃花和果实。

地理分布 见于大溪、箬横、城东、城西、太平、城南、石桥头、坞根、温峤、新河。

保护及濒危等级 《中国生物多样性红色名录》：近危（NT）；《IUCN红色名录》：无危（LC）。

404. 中华鬣羚 *Capricornis milneedwardsii* David, 1869 牛科 Bovidae

识别特征 外形似羊，比斑羚略大，雄性和雌性之间的大小差别不显著。雌、雄均有 1 对短而尖的黑角，自角基至颈背有灰白色鬣毛，甚为明显。颈背有鬣毛。吻鼻部黑色。身体的毛色较深，以黑色为主，杂有灰褐色毛，毛基为灰白色或白色。暗黑色的脊纹贯穿整个脊背。上、下嘴唇与颌部污白色或灰白色。前额、耳背沾有深浅不一的棕色。四肢上部赤褐色，向下转为黄褐色。尾巴不长，与身体的色调相同。

生态习性 栖息于针阔叶混交林、针叶林或多岩石的杂灌林。生活环境有两个突出特点：一个是树林、竹林或灌丛十分茂密；另一个是地势非常险峻。早晨和傍晚在林中空地、林缘或沟谷一带摄食、饮水，主要以青草、嫩枝、叶、芽、落果和菌类等为食。

地理分布 历史资料记载。

保护及濒危等级 国家二级重点保护野生动物；《中国生物多样性红色名录》：易危（VU）；《IUCN红色名录》：易危（VU）。

三〇、啮齿目 RODENTIA

405. 赤腹松鼠 *Callosciurus erythraeus* (Pallas, 1779) 　　松鼠科 Sciuridae

识别特征　全身背面均为橄榄黄色，背中部色较深，体侧略淡。耳壳黄色。整个腹面及四肢内侧均为栗红色。四足背趋黑色。尾与背同，后端为黑黄相间的环纹。

生态习性　栖息于山区林地，在阔叶林、混交林、针叶林中最为常见，在居民点周围的杂木林、果林中也有活动。以植物的果实和种子、嫩叶为主食。

地理分布　见于大溪、泽国、箬横、温峤、城东、城西、太平、石桥头、城南、坞根、松门、城北、新河、石塘。

保护及濒危等级　《中国生物多样性红色名录》：无危（LC）；《IUCN红色名录》：无危（LC）。

406. 倭花鼠 *Tamiops maritimus* (Bonhote, 1900) 　　松鼠科 Sciuridae

识别特征　树栖小型松鼠，常下地活动。尾长略短于体长。体背具明暗相间的条纹7条。耳后具白色毛丛。体背深黑褐色。眼眶四周有白圈。背正中有1条黑色条纹，自前肢略后处起至尾基止，其两侧为淡黄灰色纵纹，再外为深棕色纵纹，最外两侧为淡黄色条纹，与两颊的淡黄色条纹不相连。体侧橄榄棕色。腹毛黄灰色，胸部中央黄色更显。尾毛基部深棕黄色，中段黑色，尖端浅黄色。

生态习性　栖息于森林、林缘和灌丛中。树栖生活，但常在地面活动。以果实、嫩叶、昆虫等为食。

地理分布　见于大溪。

保护及濒危等级　《中国生物多样性红色名录》：无危（LC）；《IUCN红色名录》：无危（LC）。

407. 黑腹绒鼠 *Eothenomys melanogaster* (Milne-Edwards, 1871) 仓鼠科 Cricetidae

识别特征 体长 90~95mm，尾长 35~40mm，后足长 14~19mm，耳长 5~17mm。体粗壮，吻短钝，眼小。吻鼻部两侧具黑白两色胡须。吻至尾基部背面棕褐色或黑褐色、暗锈色、淡土黄色，杂有黑长毛，毛基黑灰色。胸部灰棕色，自下颌至尾基腹部为暗灰色，中央染淡黄色。尾毛稀少，背面暗褐色或褐色，腹面淡白色或灰白色，尾尖具一小束黑褐色长毛。四足暗灰褐色或黑褐色。

生态习性 多栖息于树林、灌丛、草地、农田等生境中，在杂草丛生的生境中更为常见。常群居。洞道较简单。多晨昏活动。食植物根、茎、嫩叶、果实、种子以及昆虫等。繁殖力强。

地理分布 见于城南。

保护及濒危等级 《中国生物多样性红色名录》：无危（LC）；《IUCN红色名录》：无危（LC）。

408. 巢鼠 *Micromys minutus* (Pallas, 1771) 鼠科 Muridae

识别特征 体型小，体长一般不超过75mm，尾略长于体长。耳较短，有耳屏。背部黄褐或暗褐色，毛基深灰色。腹面白色，毛基浅灰色。尾背面略深，腹面白色。四足纯白色。

生态习性 栖息于芦苇、农田、菜园、杂草地、采伐迹地及树林内。善攀爬。用叶在植株的枝丫处筑巢或挖洞穴居。以植物的种子、果实和绿色部分为食。多在夜晚活动。

地理分布 见于大溪。

保护及濒危等级 《中国生物多样性红色名录》：无危（LC）；《IUCN红色名录》：无危（LC）。

409. 黑线姬鼠 *Apodemus agrarius* (Pallas, 1771)　　　鼠科 Muridae

识别特征　体长 65~117mm，尾长相当于体长的 2/3。耳较短。体背棕褐色，中央具明显的纵向黑线，从两耳间一直延伸至尾基部，有些个体的黑线不清晰或不完全。腹面和四肢内侧为灰白色。足背白色。尾背面黑色，腹面白色。

生态习性　多栖息于农田、墓地、竹林、树林等生境中，在乱石缝隙或田埂等处挖洞营居。多在夜间活动。杂食，主食淀粉含量高的植物种子等。繁殖期多在春、夏和秋季。

地理分布　见于城东、松门。

保护及濒危等级　《中国生物多样性红色名录》：无危（LC）；《IUCN红色名录》：无危（LC）。

410. 中华姬鼠 *Apodemus draco* (Barrett-Hamieton, 1900)　　　鼠科 Muridae

识别特征　体长 70~120mm，尾长与体长几乎相等，后足长 20~25mm，耳长 11~19mm。颊部黄色；体背深棕色；体侧和四肢外侧为棕黄色；腹部与四肢内侧均为灰白色；尾毛短而稀疏，背面黑色，腹面灰白色。

生态习性　栖息于山区的阔叶林、针阔叶混交林、竹林、灌丛等生境中。穴居。夜晚和清晨活动。食植物种子、绿色部分以及昆虫等。繁殖期在春、夏、秋季。

地理分布　见于大溪、温桥。

保护及濒危等级　《中国生物多样性红色名录》：无危（LC）；《IUCN红色名录》：无危（LC）。

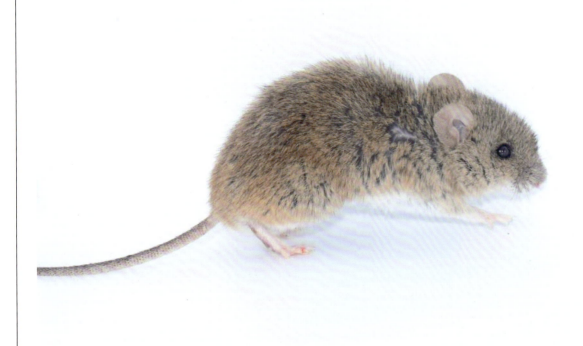

411. 黄毛鼠 *Rattus losea* (Swinhoei, 1871) 鼠科 Muridae

识别特征 体长 160~80mm，尾长 161~181mm，后足长 28~31mm，耳长约 20mm。体被密毛；吻、背至尾基为沙黄色或棕褐色；背部杂以黑毛尖，毛基灰色；体侧灰黄色；自下唇至腹面污白色，毛基浅灰色；四足背面白色；尾近一色，毛稀疏，具环状鳞片。

生态习性 洞居，栖息于田埂中、土丘中、河溪旁、乱石堆中及杂草丛中，多在河堤、坟地、梯田旁石头砌成的石缝中营巢。昼夜活动。食作物种子、嫩草等。四季繁殖。

地理分布 见于松门、箬横、石塘、滨海。

保护及濒危等级 《中国生物多样性红色名录》：无 危（LC）;《IUCN 红色名录》：无危（LC）。

412. 大足鼠 *Rattus nitidus* (Hodgson, 1845) 鼠科 Muridae

识别特征 中型鼠类，体粗壮。耳大而薄，向前拉能达到眼部。尾较细长，尾长平均略短于体长。后足较长，成体后足长均大于 34mm，前、后足背面均白色。背毛棕褐色，略带棕黄色。吻部周围毛色稍淡，略显灰色。体背暗棕褐色，两侧色调较淡，腹毛灰白色，背腹毛色无明显界线。四足背面均为白色。尾近一色，为暗棕色。

生态习性 栖息于田野、山地林缘及村庄地带。以种子特别是谷物类为主要食物，喜食玉米和稻谷，亦食浆果、草籽、草根、嫩芽和其他小型鼠类、田螺、鱼、蟹等。

地理分布 见于城东、温桥、大溪、城南。

保护及濒危等级 《中国生物多样性红色名录》：无 危（LC）;《IUCN 红色名录》：无危（LC）。

413. 褐家鼠 *Rattus norvegicus* (Berkenhout, 1769)　　　　　鼠科 Muridae

识别特征　体长约 175mm，尾长短于体长，后足长约 33mm。乳头 6 对。体背面棕褐色或灰褐色，毛基深灰色；头和背部杂有较多的黑色长毛；体腹面灰白色，毛基灰褐色。尾背面黑褐色，腹面灰白色。前、后足呈肉芽色。

生态习性　主要栖息生境为水沟、厨房、厕所、厩圈、垃圾堆、农田、菜田、荒地等处。夜间活动。杂食性，有季节性迁移行为。四季繁殖。

地理分布　见于温岭各乡镇（街道）。

保护及濒危等级　《中国生物多样性红色名录》：无危（LC）；《IUCN 红色名录》：无危（LC）。

414. 黄胸鼠 *Rattus tanezumi* (Temminck, 1845)　　　　　鼠科 Muridae

识别特征　体长 140~180mm，尾长 160~200mm，后足长约 32mm，耳长 21mm。背毛棕褐色或黄灰褐色，毛基灰色；胸毛黄色，有 1 块白斑；腹部灰黄色。前足中央灰褐色，四周灰白色；后足背白色。尾暗褐色。

生态习性　多栖于建筑物上层。在粗糙墙面上能直攀而上，也能在横梁上奔跑。食性较广，主食植物性食物，含水量高的食物对它有很大的诱惑力。

地理分布　见于温岭各乡镇（街道）。

保护及濒危等级　《中国生物多样性红色名录》：无危（LC）；《IUCN 红色名录》：无危（LC）。

415. 北社鼠 *Niviventer confucianus* (Milne-Edwards,1891)　　　　鼠科 Muridae

识别特征　体长约 135mm，后足长约 30mm，尾长大于头体长。耳前折可至眼部。乳头 4 对。体背部棕褐色；头、颈、腹侧为黄棕色或暗棕色；夏季背部杂有白色硬毛，腹面硫黄色；背腹毛界线十分清楚。四足背面棕褐色至灰白色。尾背面棕褐色，腹面白色，尖端白色。

生态习性　栖息于丘陵和山地的灌丛、荒坡、坟地、树林和农田等生境中，并在其间的裂隙营巢或掘洞穴居。善攀缘，可筑巢于 3~5m 高处的竹丛中，巢顶用叶盖住。夜晚活动。食坚果、嫩叶及昆虫等。春、夏季为繁殖盛期，每胎产 4~6 仔，亦有多达 9 只。

地理分布　见于太平、城东、大溪、松门、箬横、温桥、城南、石桥头、坞根。

保护及濒危等级　《中国生物多样性红色名录》：无危（LC）；《IUCN红色名录》：无危（LC）。

416. 针毛鼠 *Niviventer fulvescens* (Gray, 1847)　　　　鼠科 Muridae

识别特征　体长 137~140mm，尾长 178~195mm，后足长约 32mm，耳长约 19mm。口侧和颊部黄褐色；耳棕色。体背自前额至尾基为十分鲜艳的铁锈色，背脊部色较深，杂有白色的刺状针毛，毛尖端黑色。体侧、腹面、足背均为乳白色或微黄色。尾两色，尾背面黑褐色，腹面纯白色。

生态习性　穴居，栖息于丘陵地区山腰和山脚的灌丛中、溪涧旁、树根隙或竹林里的较干燥处。食各种野果、竹笋、也盗食稻、花生、番茄、番薯等农作物。善攀缘高处，多在夜晚活动。6—7月为繁殖盛期，每胎产 2~7 仔。

地理分布　见于太平、城东、大溪、松门、箬横、温桥、城南、石桥头、坞根。

保护及濒危等级　《中国生物多样性红色名录》：无危（LC）；《IUCN红色名录》：无危（LC）。

417.青毛巨鼠 *Berylmys bowersi* Andeeson, 1879　　　鼠科Muridae

识别特征　大型鼠类。体较细长，尾长为体长105%~115%，后足长一般大于50mm。耳大而薄，向前拉可以遮住眼部。听泡大。门牙白色。体背毛青褐色，由2种毛所组成：一种是青灰色的绒毛；另一种是上1/2部为青褐色、下1/2部为灰白色的硬刺毛，硬刺毛愈靠近背部中央愈多，两侧较少。背部中央显青褐色，两侧呈青灰色。腹毛及四肢内侧均为白色，背腹毛色在体侧有明显的分界线。前足背面灰白色，后足背面暗棕褐色。尾一色，均为棕褐色。

生态习性　栖息于树林中，在靠近水源的岩石缝、灌木丛、密林等生境中均可捕到。以野果及植物的根、嫩叶等为主食。

地理分布　见于大溪。

保护及濒危等级　《中国生物多样性红色名录》：无危（LC）；《IUCN红色名录》：无危（LC）。

418.白腹巨鼠 *Leopoldamys edwardsi* (Thomas, 1882)　　　鼠科Muridae

识别特征　大型鼠类。体长约250mm，后足长48~52mm，尾长超过体长，尾较粗。耳大而薄。乳头4对。听泡小。门牙黄色。背面黑褐色或灰褐色，杂有黑色的针毛，冬季针毛为暗褐色；腹面纯白色。足背中央棕褐色，四周白色。尾背面黑棕色，腹面白色，尾端1/3处为灰白色。

生态习性　栖息于在山区竹林、杉、松和阔叶林以及茅草、灌木丛生的地方。喜在近水的岩石缝中穴居。在丘陵山地的农田、果园、茶山等生境中也有发现。杂食性，以各种野果、植物的根茎等为主食，亦捕食昆虫和鼠类等动物。

地理分布　见于太平、城东、大溪、箬横、温桥、城南、坞根。

保护及濒危等级　《中国生物多样性红色名录》：无危（LC）；《IUCN红色名录》：无危（LC）。

419. 小家鼠 *Mus musculus* Linnaeus, 1758　鼠科 Muridae

识别特征 体型很小，体长 70~80mm，尾长与体长相等或略短，后足长约 16mm，耳长约 12mm。吻较短。耳棕色。体背面灰褐至黑褐色，腹面灰黄色，背腹间无明显界线。足背面淡棕色，趾白色。尾背面棕褐色，腹面污白色。

生态习性 室内多栖息于比较隐蔽的地方，如柜子、抽屉、棉絮、衣物、厨房、仓库以及杂物堆积处等；野外喜居于田埂和草丛之间。杂食性，食各类谷物种子，当食物缺乏时，植物茎、叶的幼嫩部分和小型昆虫等亦食。

地理分布 见于太平、大溪、温桥。

保护及濒危等级 《中国生物多样性红色名录》：无危（LC）；《IUCN红色名录》：无危（LC）。

420. 中华竹鼠 *Rhizomys sinensis* Gray, 1831　鼹形鼠科 Spalacidae

识别特征 体粗壮。尾短，几乎完全裸露、无毛。眼小。耳隐于体毛中。前、后足爪坚硬。体毛细密而柔软，毛基部灰色，背部呈浅灰褐色或粉红灰色，腹部颜色较淡。

生态习性 营地下生活，多栖于竹林中。以竹子的地下茎为主食，也吃草及其他植物的果实、种子。年产 1~2 胎，每胎多数 3~4 仔。

地理分布 见于温峤、城南、大溪。

保护及濒危等级 《中国生物多样性红色名录》：无危（LC）；《IUCN红色名录》：无危（LC）。

421. 马来豪猪 *Hystrix brachyura* Linnaeus, 1758 豪猪科 Hystricidae

识别特征 较大型的啮齿动物，体粗壮。全身披棘刺，颈背有鬣状长毛。尾短，隐于棘刺中，尾毛特化为管状，故其俗称"尾铃"。棘刺呈纺锤形，两端白色，中间黑色；体腹面及四肢的刺短小而软。在全身硬刺中间，夹杂稀疏的长白毛。

生态习性 洞穴居，洞多见山麓地带的坡上，每个洞有多个隐蔽于浓密树丛中的洞口。常循一定路线行走，走路时发出"沙沙"响；遇敌时则竖起棘刺，口内发出"噗噗"叫声。以植物的块根为食，也常盗食番薯、花生和玉米等。每年生1胎，每胎多为2仔。

地理分布 见于大溪。

保护及濒危等级 浙江省重点保护野生动物；《中国生物多样性红色名录》：无危（LC）；《IUCN红色名录》：无危（LC）。

三一、兔形目 LAGOMORPHA

422. 华南兔 *Lepus sinensis* Gray, 1832 兔科 Leporidae

识别特征 体重1.5~2.5kg，体长一般在400mm左右。体背通常为红棕色、棕褐色至沙黄色。上唇及鼻部毛色较淡，略呈浅黄白色。颈部背侧有一小块纯棕黄色。体背中部至臀部毛较粗长，由于黑色毛尖较长，故毛色较暗。体侧由于黑毛较少，呈浅黄色。体腹面颏部为淡黄色，颈下为棕黄色，四肢内侧白色或稍沾黄色，四肢外侧棕黄色。尾背面棕褐色，中央毛色较黑；尾腹面淡黄色。

生态习性 栖息在林缘、灌丛、草地，常到农田附近活动。一般不自挖洞，多利用地上洞穴和墓地等处做窝。昼夜均活动。以草本植物的茎、叶、嫩芽等为食。

地理分布 见于箬横、城东、温峤、太平、城南、石桥头、坞根、松门、石塘、大溪、新河。

保护及濒危等级 《中国生物多样性红色名录》：无危（LC）；《IUCN红色名录》：无危（LC）。

中文名索引

A

鹌鹑·····46
暗灰鹃鵙·····135
暗绿绣眼鸟·····164

B

八哥·····169
白斑军舰鸟·····105
白翅浮鸥·····102
白顶玄燕鸥·····103
白额雁·····49
白额燕尾·····182
白腹鸫·····175
白腹巨鼠·····222
白腹蓝鹟·····187
白腹隼雕·····123
白腹鹞·····117
白骨顶·····69
白鹇鸪·····191
白颈长尾雉·····47
白鹭·····110
白眉地鸫·····172
白眉鸫·····175
白眉鹀·····198
白眉鸭·····54
白琵鹭·····106
白头鹎·····154
白头蝰·····32
白尾鹞·····118
白鹇·····47
白胸翡翠·····128
白胸苦恶鸟·····67
白眼潜鸭·····56
白腰杓鹬·····81
白腰草鹬·····84
白腰文鸟·····189

白腰雨燕·····61
斑鸫·····177
斑海豹·····211
斑姬啄木鸟·····131
斑头秋沙鸭·····57
斑头鸺鹠·····124
斑尾塍鹬·····79
斑文鸟·····190
斑鱼狗·····129
斑嘴鸭·····53
半蹼鹬·····78
豹猫·····213
北草蜥·····30
北红尾鸲·····179
北蝗莺·····151
北灰鹟·····185
北椋鸟·····170
北社鼠·····221
秉志肥螈·····15
布氏泛树蛙·····25

C

彩鹬·····107
彩鹮·····76
苍鹭·····108
苍眉蝗莺·····151
草腹链蛇·····42
草鹭·····108
草鹀·····125
叉尾太阳鸟·····189
长耳鸮·····124
长趾滨鹬·····90
长嘴剑鸻·····73
巢鼠·····217
池鹭·····112
赤膀鸭·····52

赤腹松鼠·····216
赤腹鹰·····119
赤狐·····207
赤颈鸭·····51
赤链华游蛇·····44
赤链蛇·····39
赤胸鸫·····176
臭鼩·····204
纯色山鹪莺·····148
翠青蛇·····37

D

大鵟·····122
大白鹭·····109
大杓鹬·····81
大滨鹬·····87
大杜鹃·····64
大凤头燕鸥·····99
大麻鳽·····114
大拟啄木鸟·····130
大山雀·····145
大鹰鹃·····63
大足鼠·····219
戴胜·····126
淡肩角蟾·····16
淡脚柳莺·····159
弹琴蛙·····21
东北刺猬·····204
东方白鹳·····104
东方大苇莺·····149
东方蝾螈·····14
东亚伏翼·····205
豆雁·····48
短耳鸮·····125
短尾鸦雀·····163
多疣壁虎·····27

E

鹗·····115

F

发冠卷尾·····138
翻石鹬·····87
反嘴鹬·····71
粉红燕鸥·····100
凤头䴙䴘·····58
凤头蜂鹰·····116
凤头麦鸡·····71
凤头潜鸭·····57
凤头鹰·····118
福建大头蛙·····20
福建竹叶青蛇·····33

G

冠鱼狗·····129
果子狸·····212

H

貉·····207
褐翅燕鸥·····101
褐家鼠·····220
褐柳莺·····157
褐燕鹱·····104
鹤鹬·····82
黑斑侧褶蛙·····24
黑翅鸢·····116
黑翅长脚鹬·····70
黑短脚鹎·····156
黑腹滨鹬·····92
黑腹绒鼠·····217
黑冠鹃隼·····115
黑喉石䳭·····183
黑脊蛇·····31

黑颈鸊鷉…………59
黑卷尾…………137
黑眶蟾蜍…………17
黑脸琵鹭…………107
黑脸噪鹛…………167
黑领椋鸟…………169
黑领噪鹛…………167
黑眉锦蛇…………41
黑眉苇莺…………149
黑水鸡…………69
黑头剑蛇…………45
黑尾塍鹬…………79
黑尾蜡嘴雀…………197
黑尾鸥…………94
黑线姬鼠…………218
黑枕黄鹂…………134
黑枕燕鸥…………99
黑嘴鸥…………96
红翅凤头鹃…………62
红耳鹎…………154
红腹滨鹬…………88
红喉歌鸲…………180
红喉鹨…………194
红喉潜鸟…………103
红脚田鸡…………67
红脚鹬…………82
红颈滨鹬…………89
红颈苇鹀…………198
红隼…………132
红头潜鸭…………55
红头穗鹛…………166
红头长尾山雀…………162
红尾斑鸫…………176
红尾伯劳…………140
红尾歌鸲…………178
红尾水鸲…………179
红纹滞卵蛇…………42
红胁蓝尾鸲…………180
红胁绣眼鸟…………164
红嘴巨燕鸥…………98
红嘴蓝鹊…………143
红嘴鸥…………96

红嘴相思鸟…………168
虎斑地鸫…………173
虎斑颈槽蛇…………43
虎纹伯劳…………139
虎纹蛙…………19
华南兔…………224
滑鼠蛇…………38
画眉…………168
环颈鸻…………74
环颈雉…………48
荒漠伯劳…………141
黄斑苇鳽…………113
黄腹鹩…………194
黄腹山鹪莺…………148
黄腹鼬…………208
黄喉鹀…………201
黄鹡鸰…………192
黄脚三趾鹑…………94
黄链蛇…………39
黄毛鼠…………219
黄眉姬鹟…………186
黄眉柳莺…………158
黄眉鹀…………200
黄雀…………195
黄臀鹎…………153
黄胸鼠…………220
黄腰柳莺…………157
黄鼬…………208
黄嘴白鹭…………110
黄嘴栗啄木鸟…………131
灰背鸫…………173
灰背隼…………132
灰背燕尾…………182
灰翅浮鸥…………102
灰鸻…………73
灰喉山椒鸟…………136
灰鹡鸰…………192
灰卷尾…………137
灰眶雀鹛…………166
灰脸鵟鹰…………121
灰椋鸟…………171
灰山椒鸟…………136

灰鼠蛇…………38
灰树鹊…………144
灰头麦鸡…………72
灰头鸦…………202
灰头鸦雀…………162
灰尾漂鹬…………85
灰纹鹟…………184
灰喜鹊…………143
灰胸竹鸡…………46
火斑鸠…………60

J
矶鹬…………86
极北柳莺…………158
棘胸蛙…………20
家燕…………152
尖尾滨鹬…………91
尖吻蝮…………33
绞花林蛇…………36
金翅雀…………196
金鸻…………72
金眶鸻…………74
金线侧褶蛙…………24
金腰燕…………152
颈棱蛇…………43

K
阔褶水蛙…………22
阔嘴鹬…………93

L
蓝翡翠…………128
蓝歌鸲…………178
蓝喉蜂虎…………126
蓝矶鸫…………183
蓝尾石龙子…………29
狼…………207
丽星鹩鹛…………188
栗背短脚鹎…………155
栗耳短脚鹎…………155
栗耳凤鹛…………165
栗耳鹀…………199

栗苇鳽…………114
栗鹀…………201
蛎鹬…………70
林雕…………122
林鹬…………85
鳞头树莺…………160
领角鸮…………123
领雀嘴鹎…………153
流苏鹬…………93
硫黄鹀…………202
芦鹀…………203
罗纹鸭…………51
绿背姬鹟…………105
绿翅短脚鹎…………156
绿翅鸭…………52
绿鹭…………112
绿头鸭…………53

M
麻雀…………191
马来豪猪…………224
毛冠鹿…………214
矛斑蝗莺…………150
蒙古沙鸻…………75
冕柳莺…………159

N
宁波滑蜥…………30
牛背鹭…………111
牛头伯劳…………140

O
欧亚水獭…………210
鸥嘴噪鸥…………98

P
琵嘴鸭…………55
平鳞钝头蛇…………31
普通鵟…………121
普通翠鸟…………127
普通鸬鹚…………106
普通燕鸥…………100

普通秧鸡················66
普通夜鹰················61
蹼趾壁虎················28

Q

铅山壁虎················27
强脚树莺···············161
翘鼻麻鸭················50
翘嘴鹬·················86
青脚滨鹬················90
青脚鹬·················83
青毛巨鼠···············222
青头潜鸭················56
丘鹬··················77
鸲姬鹟················186
雀鹰·················120
鹊鸲·················181

R

髯海豹················211
日本歌鸲···············177
日本松雀鹰··············119

S

三宝鸟················127
三道眉草鹀··············197
三趾滨鹬················89
三趾鸥·················97
山斑鸠·················59
山东小麝鼩··············205
山鹪莺················147
山麻雀················190
扇尾沙锥················78
勺嘴鹬·················92
蛇雕·················117
食蟹獴················213
饰纹姬蛙················18
寿带·················139
树鹨·················193

水雉··················76
丝光椋鸟···············171
四声杜鹃················63
松雀鹰················120
松鸦·················142

T

天目臭蛙················23
田鹨·················193
田鹀·················200
铁嘴沙鸻················75
铜蓝鹟················187
铜蜓蜥·················28
秃鼻乌鸦···············145

W

弯嘴滨鹬················91
王锦蛇·················41
苇鹀·················203
倭花鼠················216
乌鸫·················174
乌龟··················26
乌华游蛇················44
乌灰鸫················174
乌梢蛇·················37
乌鹟·················185
乌燕鸥················101
武夷湍蛙················21

X

西伯利亚银鸥··············95
西秧鸡·················68
锡嘴雀················196
喜鹊·················144
仙八色鸫···············134
小鹀鹛·················58
小白额雁················49
小白腰雨燕···············62
小杓鹬·················80

小滨鹬·················88
小杜鹃·················65
小黑背银鸥··············95
小弧斑姬蛙··············18
小蝗莺················150
小灰山椒鸟·············135
小麂·················215
小家鼠················223
小灵猫················212
小青脚鹬················84
小太平鸟···············188
小田鸡·················68
小鸦·················199
小鸦鹃·················65
小燕尾················181
小云雀················146
小竹叶蛙················23
楔尾伯劳···············142

Y

亚洲狗獾···············209
亚洲长翼蝠·············206
岩鹭·················111
燕雀·················195
燕隼·················133
野猪·················214
夜鹭·················113
遗鸥·················97
蚁䴕·················130
义乌小鲵················14
银环蛇·················34
游隼·················133
鼬獾·················209
玉斑锦蛇················40
鸳鸯·················50
原矛头蝮················32
远东树莺···············160

Z

噪鹃·················66
泽陆蛙·················19
泽鹬·················83
沼水蛙·················22
针毛鼠················221
针尾沙锥················77
针尾鸭·················54
镇海林蛙················25
中白鹭················109
中杓鹬·················80
中杜鹃·················64
中国瘰螈················15
中国石龙子··············29
中国水蛇················34
中国小头蛇··············36
中国雨蛙················17
中华鳖·················26
中华蟾蜍················16
中华穿山甲·············206
中华姬鼠···············218
中华鬣羚···············215
中华攀雀···············146
中华珊瑚蛇··············35
中华竹鼠···············223
舟山眼镜蛇··············35
珠颈斑鸠················60
猪獾·················210
紫背椋鸟···············170
紫翅椋鸟···············172
紫灰锦蛇················40
紫寿带················138
紫啸鸫················184
棕背伯劳···············141
棕颈钩嘴鹛··············165
棕脸鹟莺···············161
棕扇尾莺···············147
棕头鸦雀···············163

拉丁学名索引

A

Abroscopus albogularis····· 161
Accipiter gularis ·····119
Accipiter nisus ············· 120
Accipiter soloensis ···········119
Accipiter trivirgatus ········118
Accipiter virgatus ·········· 120
Achalinus spinalis ··········· 31
Acridotheres cristatellus···· 169
Acrocephalus bistrigiceps·· 149
Acrocephalus orientalis····· 149
Actitis hypoleucos ·········· 86
Aegithalos concinnus ····· 162
Aethopyga christinae ····· 189
Agropsar philippensis ······ 170
Agropsar sturninus ········· 170
Aix galericulata ·········· 50
Alauda gulgula ············· 146
Alcedo atthis ············· 127
Alcippe morrisonia ········· 166
Amaurornis phoenicurus··· 67
Amolops wuyiensis ········ 21
Amphiesma stolatum ········ 42
Anas acuta ·············· 54
Anas crecca ············· 52
Anas platyrhynchos ········ 53
Anas zonorhyncha ········· 53
Anous stolidus ············· 103
Anser albifrons ············· 49
Anser erythropus ··········· 49
Anser fabalis ············· 48
Anthus cervinus ············ 194
Anthus hodgsoni ··········· 193
Anthus richardi ··········· 193
Anthus rubescens ·········· 194
Apodemus agrarius ········· 218

Apodemus draco············· 218
Apus nipalensis ··········· 62
Apus pacificus ············ 61
Aquila fasciata ············· 123
Arctonyx collaris ·········· 210
Ardea alba·········· 109
Ardea cinerea ············ 108
Ardea intermedia ········· 109
Ardea purpurea ·········· 108
Ardeola bacchus ··········112
Arenaria interpres ········· 87
Asio flammeus ··········· 125
Asio otus ············· 124
Aviceda leuphotes ·········115
Aythya baeri ············ 56
Aythya ferina ············ 55
Aythya fuligula ·········· 57
Aythya nyroca ··········· 56
Azemiops kharini ········· 32

B

Bambusicola thoracica···· 46
Berylmys bowersi ········ 222
Blythipicus pyrrhotis ······ 131
Boiga kraepelini ············ 36
Bombycilla japonica ······· 188
Botaurus stellaris ···········114
Bubulcus ibis ············· 111
Bufo gargarizans ··········· 16
Bulweria bulwerii ········· 104
Bungarus multicinctus······ 34
Butastur indicus ··········· 121
Buteo hemilasius ········· 122
Buteo japonicus ········· 121
Butorides striata ··········112

C

Calidris acuminata ··········· 91
Calidris alba ········· 89
Calidris alpina ············ 92
Calidris canutus ········· 88
Calidris falcinellus ······· 93
Calidris ferruginea ········ 91
Calidris minuta ········· 88
Calidris pugnax ········· 93
Calidris pygmeus ········· 92
Calidris ruficollis ········· 89
Calidris subminuta ········· 90
Calidris temminckii ······· 90
Calidris tenuirostris ········· 87
Calliope calliope ········· 180
Callosciurus erythraeus ··· 216
Canis lupus ········· 207
Capricornis milneedwardsii
············ 215
Caprimulgus indicus········· 61
Cecropis daurica ········ 152
Centropus bengalensis ······ 65
Ceryle rudis ········· 129
Charadrius alexandrinus····· 74
Charadrius dubius ········· 74
Charadrius leschenaultii ···· 75
Charadrius mongolus ······ 75
Charadrius placidus ······· 73
Chlidonias hybrida ········· 102
Chlidonias leucopterus······ 102
Chloris sinica ········· 196
Chroicocephalus ridibundus
············ 96
Ciconia boyciana ········· 104
Circus cyaneus ········· 118
Circus spilonotus ·········117

C

Cisticola juncidis ··········· 147
Clamator coromandus······ 62
Coccothraustes coccothraustes
············ 196
Copsychus saularis ········ 181
Corvus frugilegus ········· 145
Coturnix japonica ········· 46
Crocidura shantungensis··· 205
Cuculus canorus··········· 64
Cuculus micropterus········ 63
Cuculus poliocephalus ····· 65
Cuculus saturatus ········· 64
Cyanoderma ruficeps ····· 166
Cyanopica cyanus ········· 143
Cyanoptila cyanomelana··· 187
Cyclophiops major ········· 37
Cynops orientalis ········· 14

D

Deinagkistrodon acutus······ 33
Dendrocitta formosae ····· 144
Dicrurus hottentottus ······ 138
Dicrurus leucophaeus ····· 137
Dicrurus macrocercus····· 137
Duttaphrynus melanostictus
············ 17

E

Egretta eulophotes ··········110
Egretta garzetta············110
Egretta sacra ·········· 111
Elachura formosa ·········· 188
Elanus caeruleus ·········· 116
Elaphe carinata ········· 41
Elaphe taeniura ·········· 41
Elaphodus cephalophus ··· 214

Emberiza chrysophrys ········ 200

Emberiza cioides ············· 197

Emberiza elegans ············· 201

Emberiza fucata ············· 199

Emberiza pallasi ············· 203

Emberiza pusilla ············· 199

Emberiza rustica ············· 200

Emberiza rutila ············· 201

Emberiza schoeniclus ······· 203

Emberiza spodocephala ····· 202

Emberiza sulphurata ········· 202

Emberiza tristrami ············· 198

Emberiza yessoensis ········· 198

Enicurus leschenaulti ········ 182

Enicurus schistaceus ········· 182

Enicurus scouleri ············· 181

Eophona migratoria ········· 197

Eothenomys melanogaster·· 217

Erignathus barbatus ········· 211

Erinaceus amurensis········· 204

Eudynamys scolopaceus ····· 66

Eumyias thalassinus ········· 187

Euprepiophis mandarinus····· 40

Eurystomus orientalis ······· 127

F

Falco columbarius··········· 132

Falco peregrinus ············· 133

Falco subbuteo··········· 133

Falco tinnunculus··········· 132

Fejervarya multistriata ······· 19

Ficedula mugimaki ··········· 186

Ficedula narcissina ··········· 186

Fregata ariel··········· 105

Fringilla montifringilla ······ 195

Fulica atra ··········· 69

G

Gallinago gallinago ·········· 78

Gallinago stenura··········· 77

Gallinula chloropus ··········· 69

Garrulax canorus ··········· 168

Garrulax pectoralis ··········· 167

Garrulax perspicillatus ····· 167

Garrulus glandarius ········· 142

Gavia stellata··········· 103

Gekko hokouensis ··········· 27

Gekko japonicus ··········· 27

Gekko subpalmatus··········· 28

Gelochelidon nilotica··········· 98

Geokichla sibirica ··········· 172

Glaucidium cuculoides······· 124

Gracupica nigricollis ········ 169

H

Haematopus ostralegus ······· 70

Halcyon pileata··········· 128

Halcyon smyrnensis ········· 128

Hemixos castanonotus ······· 155

Herpestes urva··········· 213

Hierococcyx sparverioides···· 63

Himantopus himantopus······· 70

Hirundo rustica ··········· 152

Hoplobatrachus chinensis ··· 19

Horornis canturians········· 160

Horornis fortipes ··········· 161

Hydrophasianus chirurgus···· 76

Hydroprogne caspia ·········· 98

Hyla chinensis··········· 17

Hylarana guentheri ··········· 22

Hylarana latouchii ··········· 22

Hynobius yiwuensis ··········· 14

Hypsipetes amaurotis········· 155

Hypsipetes leucocephalus··· 156

Hystrix brachyura ··········· 224

I

Ichthyaetus relictus··········· 97

Ictinaetus malaiensis········· 122

Ixobrychus cinnamomeus ··· 114

Ixobrychus sinensis··········· 113

Ixos mcclellandii ··········· 156

J

Jynx torquilla ··········· 130

L

Lalage melaschistos··········· 135

Lanius bucephalus··········· 140

Lanius cristatus··········· 140

Lanius isabellinus··········· 141

Lanius schach ··········· 141

Lanius sphenocercus··········· 142

Lanius tigrinus··········· 139

Larus crassirostris··········· 94

Larus fuscus ··········· 95

Larus smithsonianus ········· 95

Larvivora akahige ··········· 177

Larvivora cyane··········· 178

Larvivora sibilans ··········· 178

Leiothrix lutea··········· 168

Leopoldamys edwardsi······· 222

Lepus sinensis ··········· 224

Limnodromus semipalmatus

··········· 78

Limnonectes fujianensis······· 20

Limosa lapponica··········· 79

Limosa limosa ··········· 79

Locustella certhiola··········· 150

Locustella fasciolata ········· 151

Locustella lanceolata········· 150

Locustella ochotensis········· 151

Lonchura punctulata ········· 190

Lonchura striata··········· 189

Lophura nycthemera··········· 47

Lutra lutra··········· 210

Lycodon flavozonatus········· 39

Lycodon rufozonatus··········· 39

M

Manis pentadactyla ·········· 206

Mareca falcata··········· 51

Mareca penelope··········· 51

Mareca strepera··········· 52

Mauremys reevesii ··········· 26

Megaceryle lugubris ········· 129

Megophrys boettgeri··········· 16

Meles leucurus··········· 209

Melogale moschata··········· 209

Mergellus albellus··········· 57

Merops viridis··········· 126

Microhyla fissipes··········· 18

Microhyla heymonsi··········· 18

Micromys minutus ··········· 217

Miniopterus fuliginosus····· 206

Monticola solitarius ········· 183

Motacilla alba··········· 191

Motacilla cinerea ··········· 192

Motacilla tschutschensis····· 192

Muntiacus reevesi··········· 215

Mus musculus··········· 223

Muscicapa dauurica ········· 185

Muscicapa griseisticta ······· 184

Muscicapa sibirica ··········· 185

Mustela kathiah··········· 208

Mustela sibirica··········· 208

Myophonus caeruleus ······· 184

Myrrophis chinensis··········· 34

N

Naja atra··········· 35

Neosuthora davidiana········· 163

Nidirana adenopleura ········· 21

Niviventer confucianus······· 221

Niviventer fulvescens ········· 221

Numenius arquata ··········· 81

Numenius madagascariensis

··········· 81

Numenius minutus ··········· 80

Numenius phaeopus··········· 80

Nyctereutes procyonoides··· 207

Nycticorax nycticorax··········· 113

O

Odorrana exiliversabilis····· 23

Odorrana tianmuii··········· 23

Oligodon chinensis··········· 36

Onychoprion anaethetus ····· 101
Onychoprion fuscatus ······· 101
Oocatochus rufodorsatus ···· 42
Oreocryptophis porphyraceus
·················· 40
Oriolus chinensis ··········· 134
Otus lettia ················· 123

P

Pachytriton granulosus ······· 15
Paguma larvata ············· 212
Pandion haliaetus ··········· 115
Paramesotriton chinensis ····· 15
Pareas boulengeri ············ 31
Parus cinereus ············· 145
Passer cinnamomeus ········ 190
Passer montanus ··········· 191
Pelodiscus sinensis ·········· 26
Pelophylax nigromaculatus ··· 24
Pelophylax plancyi ··········· 24
Pericrocotus cantonensis ···· 135
Pericrocotus divaricatus ····· 136
Pericrocotus solaris ········· 136
Pernis ptilorhynchus ········· 116
Phalacrocorax capillatus ···· 105
Phalacrocorax carbo ······· 106
Phasianus colchicus ·········· 48
Phoca largha ··············· 211
Phoenicurus auroreus ······· 179
Phylloscopus borealis ······· 158
Phylloscopus coronatus ····· 159
Phylloscopus fuscatus ······· 157
Phylloscopus inornatus ····· 158
Phylloscopus proregulus ···· 157
Phylloscopus tenellipes ····· 159
Pica pica ·················· 144
Picumnus innominatus ······ 131
Pipistrellus abramus ········ 205
Pitta nympha ··············· 134
Platalea leucorodia ········· 106
Platalea minor ············· 107
Plegadis falcinellus ········· 107

Plestiodon chinensis ·········· 29
Plestiodon elegans ··········· 29
Pluvialis fulva ·············· 72
Pluvialis squatarola ·········· 73
Podiceps cristatus ············ 58
Podiceps nigricollis ·········· 59
Polypedates braueri ·········· 25
Pomatorhinus ruficollis ····· 165
Prinia crinigera ············ 147
Prinia flaviventris ·········· 148
Prinia inornata ············· 148
Prionailurus bengalensis ···· 213
Protobothrops mucrosquamatus
·················· 32
Pseudoagkistrodon rudis ····· 43
Psilopogon virens ··········· 130
Psittiparus gularis ·········· 162
Ptyas dhumnades ············ 37
Ptyas korros ················ 38
Ptyas mucosa ··············· 38
Pycnonotus jocosus ········· 154
Pycnonotus sinensis ········· 154
Pycnonotus xanthorrhous ··· 153

Q

Quasipaa spinosa ············· 20

R

Rallus aquaticus ············· 68
Rallus indicus ··············· 66
Rana zhenhaiensis ············ 25
Rattus losea ················ 219
Rattus nitidus ·············· 219
Rattus norvegicus ··········· 220
Rattus tanezumi ············· 220
Recurvirostra avosetta ········ 71
Remiz consobrinus ·········· 146
Rhabdophis tigrinus ·········· 43
Rhizomys sinensis ··········· 223
Rhyacornis fuliginosa ······· 179
Rissa tridactyla ············· 97
Rostratula benghalensis ······ 76

S

Saundersilarus saundersi ····· 96
Saxicola maurus ············ 183
Scincella modesta ············ 30
Scolopax rusticola ··········· 77
Sibynophis chinensis ·········· 45
Sinomicrurus macclellandi ··· 35
Sinosuthora webbiana ······· 163
Spatula clypeata ············· 55
Spatula querquedula ·········· 54
Sphenomorphus indicus ····· 28
Spilornis cheela ············ 117
Spinus spinus ··············· 195
Spizixos semitorques ········ 153
Spodiopsar cineraceus ······· 171
Spodiopsar sericeus ········· 171
Sterna dougallii ············ 100
Sterna hirundo ············· 100
Sterna sumatrana ············ 99
Streptopelia chinensis ········ 60
Streptopelia orientalis ········ 59
Streptopelia tranquebarica ··· 60
Sturnus vulgaris ············ 172
Suncus murinus ············· 204
Sus scrofa ················· 214
Syrmaticus ellioti ············ 47

T

Tachybaptus ruficollis ········· 58
Tadorna tadorna ············· 50
Takydromus septentrionalis
·················· 30
Tamiops maritimus ·········· 216
Tarsiger cyanurus ··········· 180
Terpsiphone atrocaudata ···· 138
Terpsiphone incei ··········· 139
Thalasseus bergii ············· 99
Trimerodytes annularis ······· 44
Trimerodytes percarinatus ··· 44
Tringa brevipes ·············· 85
Tringa erythropus ············ 82
Tringa glareola ·············· 85

Tringa guttifer ·············· 84
Tringa nebularia ············· 83
Tringa ochropus ············· 84
Tringa stagnatilis ············ 83
Tringa totanus ·············· 82
Turdus cardis ··············· 174
Turdus chrysolaus ··········· 176
Turdus eunomus ············· 177
Turdus hortulorum ·········· 173
Turdus mandarinus ·········· 174
Turdus naumanni ············ 176
Turdus obscurus ············ 175
Turdus pallidus ············· 175
Turnix tanki ················ 94
Tyto longimembris ·········· 125

U

Upupa epops ··············· 126
Urocissa erythroryncha ····· 143
Urosphena squameiceps ····· 160

V

Vanellus cinereus ············ 72
Vanellus vanellus ············ 71
Viridovipera stejnegeri ········ 33
Viverricula indica ·········· 212
Vulpes vulpes ··············· 207

X

Xenus cinereus ··············· 86

Y

Yuhina castaniceps ·········· 165

Z

Zapornia akool ·············· 67
Zapornia pusilla ············· 68
Zoothera aurea ············· 173
Zosterops erythropleurus ···· 164
Zosterops japonicus ········· 164